Apprendre

Eureka Math®
1ère année
Modules 2 et 3

Great Minds PBC is the creator of Eureka Math®,
Wit & Wisdom®, Alexandria Plan™, and PhD Science™.

Published by Great Minds PBC. greatminds.org

Copyright © 2020 Great Minds PBC. All rights reserved. No part of this work may be reproduced or used in any form or by any means—graphic, electronic, or mechanical, including photocopying or information storage and retrieval systems—without written permission from the copyright holder.

ISBN 978-1-64929-061-8

1 2 3 4 5 6 7 8 9 10 XXX 25 24 23 22 21 20

Printed in the USA

Apprendre ♦ Pratiquer ♦ Réussir

Le matériel pédagogique d'Eureka Math® pour A Story of Units® (K-5) est proposé dans le trio Apprendre, Pratiquer, Réussir Cette série prend en charge la différenciation et la remédiation tout en gardant le matériel pédagogique organisé et accessible. Les éducateurs constateront que la série Apprendre, Pratiquer, et Réussir propose également des ressources cohérentes—et donc plus efficaces—pour la réponse à l'intervention (RAI), la pratique supplémentaire et l'apprentissage pendant l'été.

Apprendre

Apprendre d'Eureka Math sert de compagnon de classe aux élèves, où ils montrent leurs réflexions, partagent ce qu'ils savent et voient leurs connaissances s'enrichir chaque jour. Apprendre rassemble le travail quotidien en classe—Problèmes applicatifs, Tickets de sortie, Ensembles de problèmes, Modèles—dans un volume organisé et facilement navigable.

Pratiquer

Chaque leçon Eureka Math commence par une série d'activités de perfectionnement énergiques et joyeuses, y compris celles se trouvant dans Pratiquer d'Eureka Math. Les élèves qui maîtrisent déjà leurs savoirs en mathématiques peuvent acquérir une plus grande maîtrise pratique, encore plus approfondie. *Avec Pratiquer, les élèves acquièrent des compétences dans les savoirs nouvellement acquis et renforcent leurs apprentissages antérieurs en vue de la leçon suivante.*

Ensemble, Apprendre et Pratiquer fournissent tout le matériel imprimé que les élèves utiliseront pour leur enseignement fondamental des mathématiques.

Réussir

Réussir d'Eureka Math permet aux élèves de travailler individuellement vers leur maîtrise. Ces ensembles additionnels de problèmes font correspondre chaque leçon à l'enseignement en classe, ce qui les rend idéaux comme devoirs ou entraînements supplémentaires. Chaque ensemble de problèmes est accompagné d'une Aide aux devoirs, un ensemble d'exemples concrets qui illustrent comment résoudre des problèmes similaires.

Les enseignants et les tuteurs peuvent utiliser les livres Réussir des niveaux précédents comme outils cohérents avec le programme pour combler des lacunes dans les connaissances fondamentales. Les élèves s'épanouiront et progresseront plus rapidement parce que les modèles familiers facilitent les connexions au contenu de leur niveau scolaire actuel.

Élèves, familles et éducateurs :

Merci de faire partie de la communauté *Eureka Math*®, qui célèbre la passion, l'émerveillement et le plaisir des mathématiques.

Dans la salle de classe *Eureka Math*, un nouveau type d'apprentissage est activé par la richesse des expériences et des dialogues. *Le livre Apprendre met entre les mains de chaque élève les instructions et séquences de problèmes dont ils ont besoin pour exprimer et consolider leur apprentissage en classe.*

Que contient le livre Apprendre ?

Problèmes applicatifs : La résolution de problèmes dans un contexte réel fait partie du quotidien d'Eureka Math. Les élèves renforcent leur confiance et leur persévérance lorsqu'ils appliquent leurs connaissances dans d'autres situations, nouvelles et variées. Le programme encourage les élèves à utiliser le processus LDE—Lire le problème, Dessiner pour donner un sens au problème, et Écrire une équation et une solution. Les enseignants facilitent le partage des travaux entre les élèves qui se présentent mutuellement leurs stratégies de solution.

Ensembles de problèmes : Un ensemble de problèmes soigneusement séquencé offre une opportunité en classe pour un travail indépendant, avec plusieurs points d'entrée pour la différenciation. Les enseignants peuvent utiliser le processus de Préparation et de Personnalisation pour sélectionner les problèmes « À faire » pour chaque élève. Certains élèves effectueront plus de problèmes que d'autres ; l'important est que tous les élèves disposent d'une période de 10 minutes pour exercer immédiatement ce qu'ils ont appris, avec un léger encadrement de leur professeur.

Les élèves amènent avec eux l'Ensemble de problèmes jusqu'au point culminant de chaque leçon : le Compte rendu de l'élève. Ici, les élèves réfléchissent avec leurs camarades et leur enseignant, articulant et consolidant ce qu'ils se sont demandé, ce qu'ils ont remarqué et ce qui a été appris ce jour-là.

Tickets de sortie : Les élèves montrent à leur enseignant ce qu'ils savent grâce à leur travail sur le Ticket de sortie quotidien. Cette vérification de la compréhension fournit à l'enseignant des preuves précieuses en temps réel de l'efficacité de l'enseignement de ce jour-là, offrant un aperçu indispensable de la prochaine étape à suivre.

Modèles : Occasionnellement, le Problème applicatif, l'Ensemble de problèmes, ou toute autre activité de classe nécessite que les élèves aient leur propre copie d'une image, d'un modèle réutilisable ou d'un ensemble de données. Chacun de ces modèles est fourni avec la première leçon qui les exige.

Où puis-je en savoir plus sur les ressources Eureka Math ?

L'équipe de Great Minds® s'engage à aider les élèves, les familles et les éducateurs avec une bibliothèque de ressources en constante expansion, disponible sur le site eureka-math.org. *Le site Web propose également des histoires de réussite inspirantes survenues dans la communauté Eureka Math. Partagez vos idées et vos réalisations avec d'autres utilisateurs en devenant un Champion d'Eureka Math.*

Meilleurs vœux pour une année remplie de découvertes !

Jill Diniz
Directrice des mathématiques
Great Minds

Le processus Lis–Dessine–Écris

Le programme Eureka Math aide les élèves à résoudre leurs problèmes en utilisant un processus simple et reproductible, présenté par l'enseignant. Le processus Lis–Dessine–Écris (LDE) incite les élèves à

1. Lire le problème.
2. Dessiner et étiquetter.
3. Écrire une équation.
4. Écrire une phrase (énoncé).

Les éducateurs sont encouragés à consolider le processus en interposant des questions telles que

- Que vois-tu ?
- Peux-tu dessiner quelque chose ?
- Quelles conclusions peux-tu tirer de ton dessin ?

Plus les élèves utilisent cette approche systématique et ouverte pour raisonner sur leurs problèmes, plus ils intérioriseront le processus de pensée et l'appliqueront instinctivement au cours des années qui suivent.

Contenu

Module 2 : Introduction à la valeur de position par addition et soustraction à moins de 20

Sujet A : Compter ou faire dix pour résoudre *Résultat inconnu* et *Total inconnu* Problèmes

Leçon 1	3
Leçon 2	9
Leçon 3	15
Leçon 4	21
Leçon 5	27
Leçon 6	33
Leçon 7	39
Leçon 8	45
Leçon 9	51
Leçon 10	57
Leçon 11	63

Sujet B : Compter ou soustraire à dix pour résoudre *Résultat inconnu* et *Total inconnu* Problèmes

Leçon 12	69
Leçon 13	77
Leçon 14	83
Leçon 15	89
Leçon 16	95
Leçon 17	101
Leçon 18	107
Leçon 19	115
Leçon 20	121
Leçon 21	129

Sujet C : Stratégies de résolution *Changement* ou *Nombre à ajouter inconnu* Problèmes

    Leçon 22 135

    Leçon 23 139

    Leçon 24 145

    Leçon 25 151

Sujet D : Problèmes variés avec les décompositions de nombres de dix à dix-neuf en 1 dizaine et certaines unités

    Leçon 26 157

    Leçon 27 163

    Leçon 28 169

    Leçon 29 175

Module 3 : Commande et comparaison des mesures de longueur sous forme de nombres

Sujet A : Comparaison indirecte dans la mesure de la longueur

    Leçon 1 183

    Leçon 2 189

    Leçon 3 199

Sujet B : Unités de longueur standard

    Leçon 4 207

    Leçon 5 215

    Leçon 6 221

Sujet C : Unités de longueur non standard et standard

    Leçon 7 229

    Leçon 8 235

    Leçon 9 241

Sujet D : Interprétation des données

    Leçon 10 249

    Leçon 11 255

    Leçon 12 261

    Leçon 13 267

1ère Année

Module 2

Lis

John, Emma et Alice avaient chacun 10 raisins secs. John a mangé 3 raisins secs, Emma a mangé 4 raisins secs et Alice a mangé 5 raisins secs. Combien de raisins secs ont-ils chacun maintenant ? Écris un lien numérique et une phrase numérique pour chacun.

Dessine

Écris

UNE HISTOIRE D'UNITÉS

Leçon 1 Série de problèmes 1•2

Nom _____ Date _____

Lis l'histoire des mathématiques. Fais un dessin mathématique simple avec des étiquettes. (Entoure) 10 et résous.

1. Bill est allé au magasin. Il a acheté 1 pomme, 9 bananes et 6 poires. Combien de morceaux de fruits a-t-il achetés au total ?

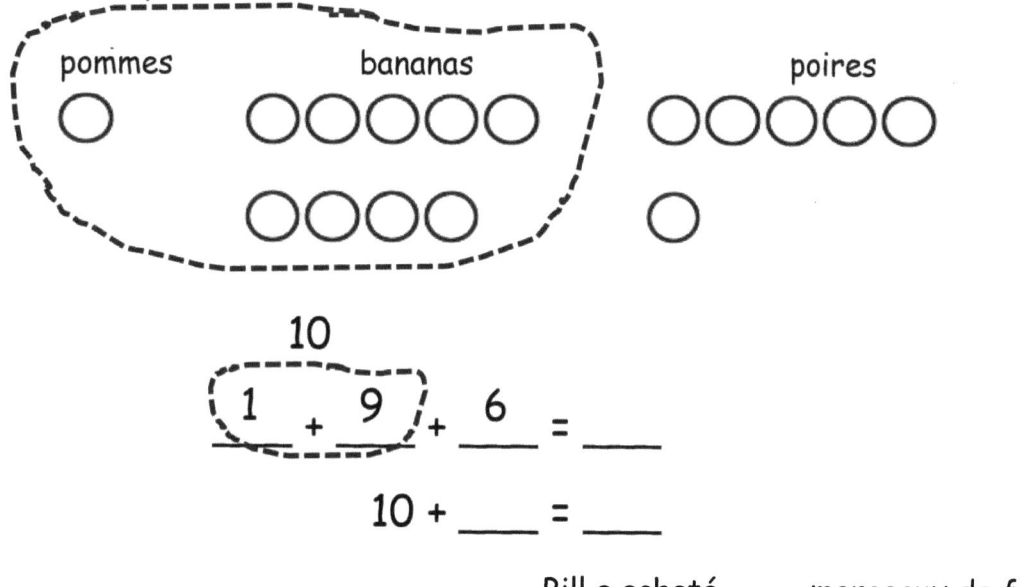

Bill a acheté ____ morceaux de fruits.

2. Maria reçoit de nouveaux jouets pour son anniversaire. Elle reçoit 4 poupées, 7 ballons et 3 jeux. Combien de jouets a-t-elle reçus ?

___ + ___ + ___ = ___

10 + ___ = ___

Maria a reçu ___ jouets.

Leçon 1 : Résous les problèmes de mots avec trois nombres à ajouter, dont deux font dix.

3. Maddy se rend à l'étang et attrape 8 insectes, 3 grenouilles et 2 têtards. Combien d'animaux a-t-elle pris au total ?

___ + ___ + ___ = ___

10 + ___ = ___

Maddy a attrapé ___ animaux.

---

4. Molly est arrivée à la fête en premier avec 4 ballons rouges. Kenny est venu ensuite avec 2 ballons verts. Dara est arrivée en dernier avec 6 ballons bleus. Combien de ballons ces amis ont-ils apportés ?

___ + ___ + ___ = ___

10 + ___ = ___

Il y a ___ ballons.

Nom _____   Date _____

Lis l'histoire des mathématiques. Fais un dessin mathématique simple avec des étiquettes. (Entoure) 10 et résous.

Toby a de l'argent pour de la crème glacée. Il a 2 sous. Il trouve 4 autres sous dans sa veste et 8 de plus sur la table. Combien de sous Toby possède-t-il ?

___ + ___ + ___ = ___

10 + ___ = ___

Toby a ___ sous.

Lis

Lisa lisait un livre. Elle a lu 6 pages la première nuit, 5 pages la nuit suivante et 4 pages la nuit d'après. Combien de pages a-t-elle lues ?

Fais un dessin pour montrer ton raisonnement. Écris une légende pour accompagner ton travail.

Extension : Si elle avait lu un total de 20 pages la cinquième nuit, combien de pages aurait-elle pu lire la quatrième nuit et la cinquième nuit ?

Dessine

Leçon 2 : Utilise les propriétés associatives et commutatives pour faire dix avec trois nombres à ajouter.

UNE HISTOIRE D'UNITÉS

Leçon 2 Problème d'application 1•2

Écris

_____

_____

_____

Leçon 2: Utilise les propriétés associatives et commutatives pour faire dix avec trois nombres à ajouter.

UNE HISTOIRE D'UNITÉS   Leçon 2 Série de problèmes   1•2

Nom _____   Date _____

(Entoure) les nombres qui font dix. Fais un dessin. Complète la phrase numérique.

1. ⑦ + ③ + 4 = ☐

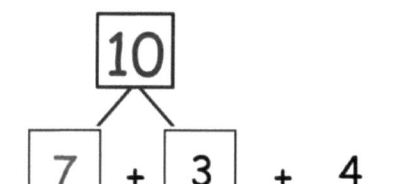

 ✗ ✗ ✗ ✗

[10] + ____ = ____

___

2. 9 + 1 + 4 = ☐

[10]
 ⋀
___ + ___ + ___

[10] + ____ = ____

___

3. 5 + 6 + 5 = ☐

[10]
 ⋀
___ + ___ + ___

[10] + ____ = ____

Leçon 2 : Utilise les propriétés associatives et commutatives pour faire dix avec trois nombres à ajouter.

4. 4 + 3 + 7 = ☐

   [10]

   ___ + ___ + ___   [10] + ___ = ___

5. 2 + 7 + 8 = ☐

   [10]

   ___ + ___ + ___   [10] + ___ = ___

(Entoure) les nombres qui font dix. Mets-les dans une liaison numérique et résous.

6. 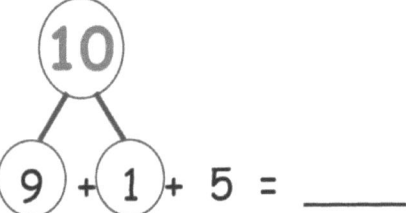 + 5 = ___

7. 8 + 2 + 4 = ___

8. 3 + 5 + 5 = ___

9. 3 + 6 + 7 = ___

UNE HISTOIRE D'UNITÉS Leçon 2 Ticket de sortie 1•2

Nom _____ Date _____

Entoure les nombres qui font dix.

Dessine une image et complète les phrases numériques pour résoudre.

a. 8 + 2 + 3 = ____

____ + ____ = ____

10 + ____ = ____

---

b. 7 + 4 + 3 = ____

____ + ____ = ____

10 + ____ = ____

Leçon 2: Utilise les propriétés associatives et commutatives pour faire dix avec trois nombres à ajouter.

Copyright © Great Minds PBC

Lis

La mère de Tom lui a donné 4 centimes. Son père lui a donné 9 centimes. Sa sœur lui a donné suffisamment de centimes pour qu'il en ait maintenant un total de 14. Combien de centimes sa sœur lui a-t-elle donnés ? Utilise un dessin, une phrase numérique et une légende.

Extension : Combien de centimes en plus aurait-il besoin pour avoir 19 centimes ?

Dessine

UNE HISTOIRE D'UNITÉS Leçon 3 Problème d'application 1•2

Écris

_____

_____

_____

Leçon 3: Fais dix lorsqu'un nombre à ajouter est 9.

Nom _____ Date _____

Dessine et (Entoure) pour montrer comment tu as fait dix pour t'aider à résoudre le problème.

1. Maria a 9 boules de neige et Tony en a 6. Combien de boules de neige ont-ils au total ?

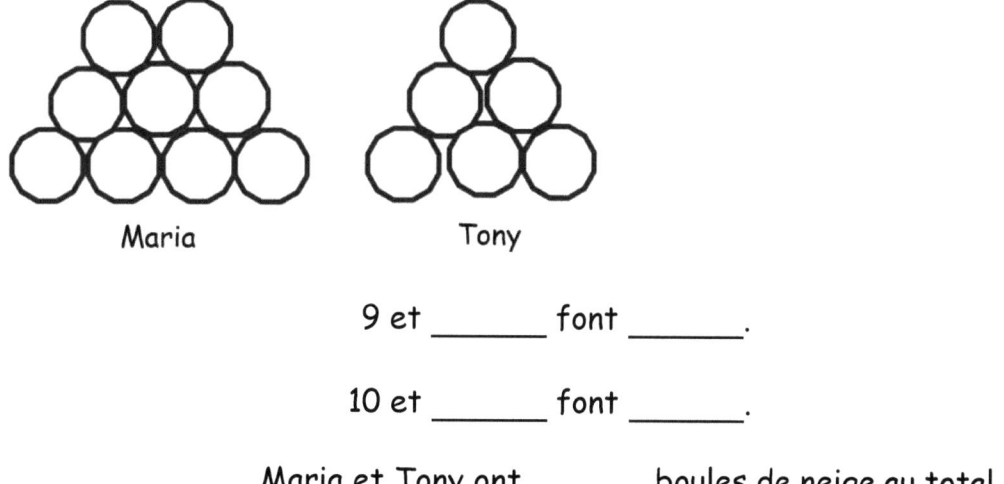

9 et _____ font _____.

10 et _____ font _____.

Maria et Tony ont _____ boules de neige au total.

2. Bob a 9 raisins secs et Jonny en a 4. Combien de raisins secs ont-ils au total ?

9 + ___ = ___

10 + ___ = ___

Bob et Jonny ont _____ raisins secs au total.

Leçon 3 : Fais dix lorsqu'un nombre à ajouter est 9.

3. Il y a 3 chaises sur le côté gauche de la classe et 9 sur le côté droit. Combien de chaises au total y a-t-il dans la classe ?

9 + ___ = ___

10 + ___ = ___

Il y a _____ chaises au total.

4. Il y a 7 enfants assis sur le tapis et 9 enfants debout. Combien d'enfants y a-t-il au total ?

9 + ___ = ___

10 + ___ = ___

Il y a _____ enfants au total.

Nom _____ Date _____

Dessine et (Entoure) pour montrer comment faire dix pour résoudre. Complétez les phrases numériques.

Tammy a 4 livres et John a 9 livres. Combien de livres Tammy et John ont-ils au total ?

____ + ____ = ____

____ + ____ = ____   Tammy et John ont ____ livres.

Lis

Michael plante 9 fleurs le matin. Il plante ensuite 4 fleurs l'après-midi. Combien de fleurs a-t-il plantées à la fin de la journée ? Fais un dessin, une liaison numérique et une légende.

Dessine

Leçon 4 : Fais dix lorsqu'un nombre à ajouter est 9.

Écris

Nom _____ Date _____

Change l'image pour faire dix. Écris la phrase numérique la plus facile et résous.

1. Tom a 9 crayons rouges et 5 jaunes. Combien de crayons Tom a-t-il au total ?

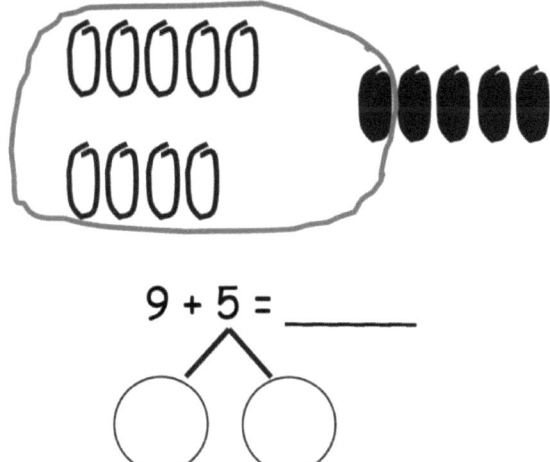

9 + 5 = _____

10 crayons + ____ crayons = _____ crayons

Entoure 10 et résous.

2. 9 + 3

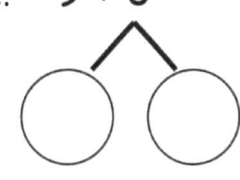

10 + ____ = _____

3. 4 + 9

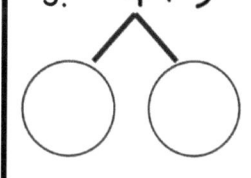

10 + ____ = _____

Leçon 4 : Fais dix lorsqu'un nombre à ajouter est 9.

UNE HISTOIRE D'UNITÉS Leçon 4 Série de problèmes 1•2

Résous. Fais des dessins mathématiques en utilisant le cadre-de-dix pour montrer comment tu as fait 10 pour résoudre.

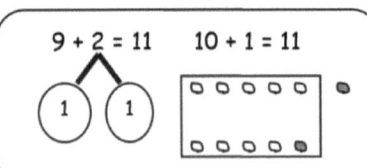

4. 9 + 5 = ___   ___ + ___ = ___

5. 6 + 9 = ___   ___ + ___ = ___

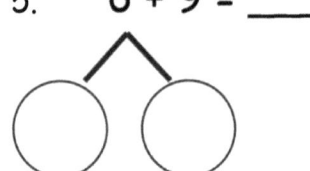

6. 8 + 9 = ___   ___ + ___ = ___

Résous. Utilise un lien numérique pour montrer comment tu as fait dix.

7. 5 + 9 = ___   8. ___ = 9 + 7

Nom _____ Date _____

Résous.

Fais des dessins mathématiques en utilisant le cadre-de-dix pour montrer comment tu as fait 10 pour résoudre.

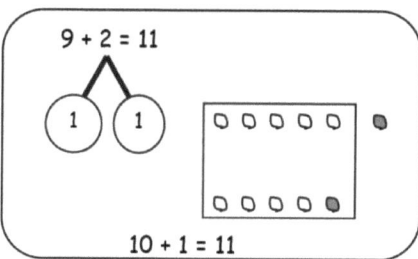

1. 6 + 9 = ____

2. ____ = 4 + 9

10 + ____ = ____

____ + ____ = ____

Leçon 4 : Fais dix lorsqu'un nombre à ajouter est 9.

UNE HISTOIRE D'UNITÉS Leçon 5 Problème d'application 1•2

Lis

Il y a 9 oiseaux rouges et 6 oiseaux bleus dans un arbre. Combien d'oiseaux y a-t-il dans l'arbre ? Utilise un dessin cadre-de-dix et une phrase numérique. Écris une liaison numérique qui correspond à l'histoire et une liaison numérique pour montrer le fait 10+ correspondant. Écris une déclaration.

Dessine

Leçon 5 : Compare l'efficacité de compter et de faire dix lorsqu'un nombre à ajouter est 9.

Écris

Nom _____ Date _____

Fais dix pour résoudre. Utilise le lien numérique pour montrer comment tu as retiré le 1.

1. Sue a 9 balles de tennis et 3 ballons de football. Combien de balles/ballons a-t-elle au total ?

   9 + 3 = ____   10 + ___ = ___

   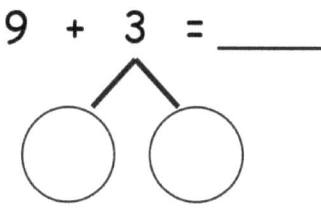

   Sue a ____ ballons.

2. 9 + 4 = ____   10 + ___ = ___

Utilise des liaisons numériques pour montrer ton raisonnement. Écris le fait 10 + .

3. 9 + 2 = ____   ____ + ____ = ____

4. 9 + 5 = ____   ____ + ____ = ____

5. 9 + 4 = ____   ____ + ____ = ____

6. 9 + 7 = _____   _____ + _____ = _____

7. 9 + _____ = _____   10 + 7 = _____

Complète les phrases d'addition.

8. a. 10 + 1 = _____ 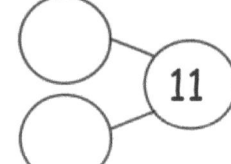   b. 9 + 2 = _____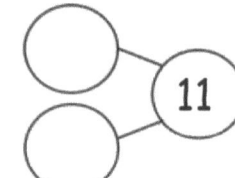

9. a. 10 + 8 = _____    b. 9 + 9 = _____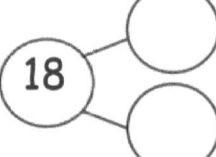

10. a. 10 + 7 = _____ 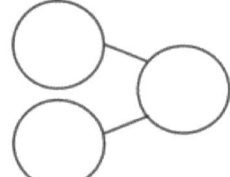   b. 9 + 8 = _____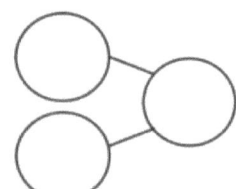

11. a. 5 + 10 = _____ 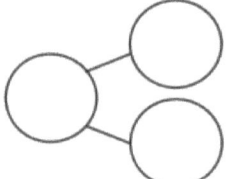   b. 6 + 9 = _____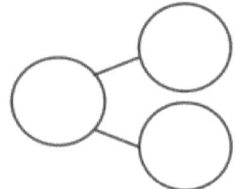

12. a. 6 + 10 = _____ 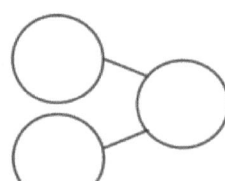   b. 7 + 9 = _____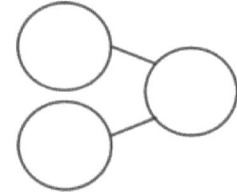

Nom _____ Date _____

Complète la phrase numérique.
Utilise une stratégie efficace pour résoudre les phrases numériques.

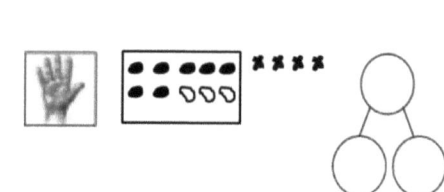

1. $9 + 2 = $ ___

2. $7 + 9 = $ ___

3. ___ $= 9 + 5$

Lis

Il y a 6 enfants sur les balançoires et 9 enfants jouant au loup. Combien d'enfants jouent sur le terrain de jeu ? Fais dix pour résoudre.

Crée un dessin, une liaison numérique et une phrase numérique pour accompagner ta légende.

Dessine

Écris

_____

_____

_____

Leçon 6 : Utilise la propriété commutative pour faire dix.

Nom _____   Date _____

Résous. Le premier a déjà été fait pour toi.   Écris la liaison pour le fait 10+ connexe.

1.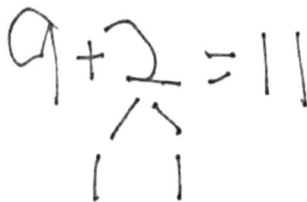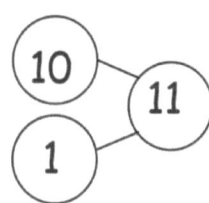

2. 9 + 6 = ____   6 + 9 = ____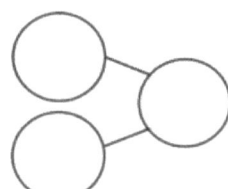

3. 7 + 9 = ____   9 + 7 = ____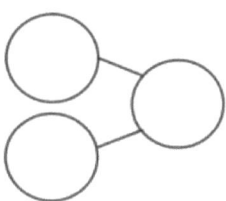

Utilise des liaisons numériques pour montrer ton raisonnement.   Écris les faits 10+connexes.

4. 9 + 4 = ____   ____ + ____ = ____

5. 3 + 9 = ____   ____ + ____ = ____

6. 9 + 5 = ____   ____ + ____ = ____

Leçon 6 : Utilise la propriété commutative pour faire dix.

7. Fais correspondre les expressions égales.

   a. 9 + 3   10 + 4

   b. 5 + 9   10 + 0

   c. 9 + 6   10 + 2

   d. 8 + 9   10 + 5

   e. 9 + 7   10 + 7

   f. 9 + 1   10 + 6

8. Complète les phrases d'addition pour les rendre vraies.

   a. 2 + 10 = _____   b. 7 + 9 = _____   c. _____ + 10 = 14

   d. 3 + 9 = _____   e. 3 + 10 = _____   f. _____ + 9 = 14

   g. 10 + 9 = _____   h. 8 + 9 = _____   i. _____ + 7 = 17

   j. 5 + 9 = _____   k. _____ + 10 = 18   l. _____ + 9 = 17

   m. 6 + 10 = _____   n. _____ + 9 = 16

Nom _____ Date _____

1. Résous. Utilise des liaisons numériques pour montrer ton raisonnement. Écris le lien pour le fait 10+ connexe.

   9 + 5 = _____   5 + 9 = _____
   ∧

   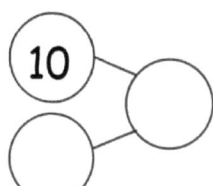

---

2. Résous. Trace une ligne pour faire correspondre les faits liés et écris le fait 10 + connexe.

   a. 9 + 7 = _____   _____ = 9 + 8   _____

   b. _____ = 6 + 9   7 + 9 = _____ $10 + 6 = 16$

   c. 8 + 9 = _____   9 + 6 = _____   _____

Leçon 6 : Utilise la propriété commutative pour faire dix.

Lis

Stacy a fait 6 dessins. Matthew a fait 2 dessins. Tim a fait 4 dessins. Combien de dessins ont-ils faits au total ? Utilise un dessin, une phrase numérique et une légende qui correspondent à l'histoire.

Dessine

Leçon 7 : Fais dix lorsqu'un nombre à ajouter est 8.

UNE HISTOIRE D'UNITÉS **Leçon 7 Problème d'application 1•2**

Écris

Leçon 7: Fais dix lorsqu'un nombre à ajouter est 8.

Nom _____ Date _____

(Entoure) pour montrer comment tu as fait dix pour t'aider à résoudre.

1. John a 8 balles de tennis. Toni en a 5. Combien de balles de tennis ont-ils au total ?

OOOOOOOO   OOOOO
     John   Toni

8 et _____ font _____.

10 et _____ font _____.

John et Toni ont _____ balles de tennis au total.

2. Bob a 8 raisins secs et Jenny en a 4. Combien de raisins secs ont-ils au total ?

8 et _____ font _____.

10 et _____ font _____.

Bob et Jenny ont _____ raisins secs au total.

Leçon 7 : Fais dix lorsqu'un nombre à ajouter est 8.

3. Il y a 3 chaises sur le côté droit de la classe et 8 sur le côté gauche. Combien de chaises au total y a-t-il dans la classe ?

8 et _____ font _____.

10 et _____ font _____.

Il y a _____ chaises au total.

4. Il y a 7 enfants assis sur le tapis et 8 enfants debout. Combien d'enfants y a-t-il au total ?

8 et _____ font _____.

10 et _____ font _____.

Il y a _____ enfants au total.

UNE HISTOIRE D'UNITÉS — Leçon 7 Ticket de sortie 1•2

Nom _____ Date _____

Dessine, étiquette et (Entoure) pour montrer comment tu as fait dix pour t'aider à résoudre.

Écris les phrases numériques que tu as utilisées pour résoudre.

Nick cueille des poivrons. Il cueille 5 poivrons verts et 8 poivrons rouges. Combien de poivrons cueille-t-il au total ?

8 et _____ font _____.

10 et _____ font _____.

Nick cueille ____ poivrons.

Leçon 7 :   Fais dix lorsqu'un nombre à ajouter est 8.

Lis

Un arbre a perdu 8 feuilles un jour et 4 feuilles le lendemain. Combien de feuilles l'arbre a-t-il perdues à la fin des deux jours ? Utilise une liaison numérique, une phrase numérique et une légende qui correspondent à l'histoire.

Extension : Le troisième jour, l'arbre a perdu 6 feuilles. Combien de feuilles a-t-il perdues à la fin du troisième jour ?

Dessine

Écris

Nom _____ Date _____

(Entoure) pour faire dix. Écris la phrase numérique 10+ et résous.

1. Tom n'a que 8 poissons rouges et 5 scalaires. Combien de poissons Tom a-t-il au total ?

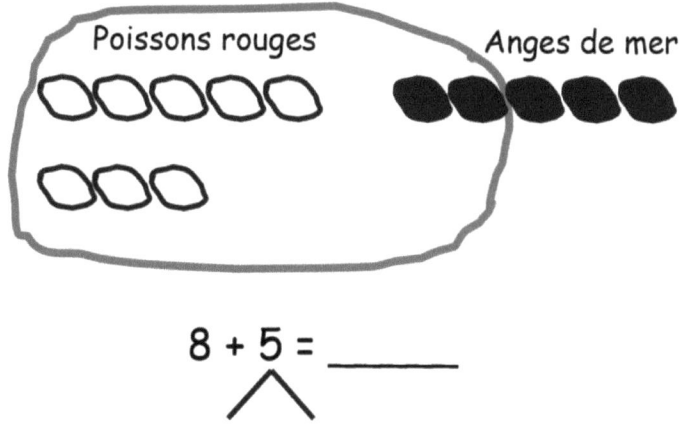

8 + 5 = ____

10 poissons + ____ poissons = ____ poissons

Fais dix en entourant et résous.

2. 8 + 3 = ____

10 + ____ = ____

3. 4 + 8 = ____

10 + ____ = ____

Leçon 8 : Fais dix lorsqu'un nombre à ajouter est 8.

UNE HISTOIRE D'UNITÉS | Leçon 8 Série de problèmes 1•2

Résous. Fais des dessins mathématiques en utilisant le cadre-de-dix pour montrer comment tu as fait dix pour résoudre.

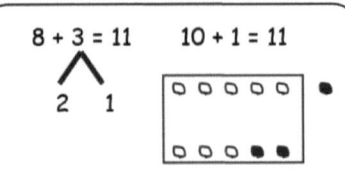

4. 8 + 4 = ___   ___ + ___ = ___

5. 6 + 8 = ___   ___ + ___ = ___

6. 8 + 5 = ___   ___ + ___ = ___

Résous. Utilise une liaison numérique pour montrer comment tu as fait dix.

7. 5 + 8 = ___   8. ___ = 8 + 7

Leçon 8 : Fais dix lorsqu'un nombre à ajouter est 8.

UNE HISTOIRE D'UNITÉS Leçon 8 Ticket de sortie 1•2

Nom _____ Date _____

Fais des dessins mathématiques en utilisant le cadre-de-dix pour résoudre. Réécris en phrase numérique 10 + .

1. 6 + 8 = ___

10 + ___ = ___

2. ___ = 4 + 8

___ + ___ = ___

Leçon 8 : Fais dix lorsqu'un nombre à ajouter est 8.

Lis

Un écureuil a trouvé 8 noix le matin, 5 noix l'après-midi et 2 noix le soir. Combien de noix l'écureuil a-t-il trouvées au total ?

Extension : Le lendemain, l'écureuil a trouvé 3 noix de plus le matin, 1 de plus l'après-midi et 1 de plus le soir. Combien en a-t-il ramassées au cours des deux jours ?

Dessine

Écris

Nom _____   Date _____

Fais dix pour résoudre. Utilise une liaison numérique pour montrer comment tu as retiré deux pour faire dix.

1. Ben a 8 raisins verts et 3 raisins violets. Combien de raisins a-t-il ?

   8 + 3 = ____   10 + ____ = ____

                                      Ben a ___ raisins.

2. 8 + 4 = ____   10 + ____ = ____

Utilise des liaisons numériques pour montrer ton raisonnement. Écris le fait 10 + .

3. 8 + 5 = ____   ____ + ____ = ____

4. 8 + 7 = ____   ____ + ____ = ____

5. 4 + 8 = ____   ____ + ____ = ____

6. 7 + 8 = ____   ____ + ____ = ____

7. 8 + ____ = 17   ____ + ____ = ____

Complète les phrases d'addition et les liaisons numériques.

8. a. 10 + 1 = ___   b. 8 + 3 = ___

9. a. 10 + 5 = ___   b. 8 + 7 = ___

10. a. 10 + 6 = ___   b. 8 + 8 = ___

11. a. 2 + 10 = ___   b. 4 + 8 = ___

12. a. 4 + 10 = ___   b. 6 + 8 = ___

Nom _____ Date _____

1. Seyla a 3 timbres dans sa collection. Son père lui donne 8 autres timbres. Combien de timbres a-t-elle maintenant ? Montre comment tu fais dix et écris le fait 10+.

   3 + 8 = ____   10 + ____ = ____

2. Complète les phrases d'addition et les liaisons numériques.

   a. 8 + 6 = ____   b. 10 + ____ = 14

Leçon 9 : Compare l'efficacité de compter et de faire dix lorsqu'un nombre à ajouter est 8.

Lis

Il y avait 4 bottes près de la porte de la classe, 8 bottes dans le couloir et 6 bottes près du bureau du professeur. Combien de bottes y avait-il au total ?

Extension : Combien de paires de bottes y avait-il au total ?

Dessine

Écris
_____

_____

_____

Nom _____   Date _____

Résous. Utilise des liaisons numériques ou des dessins groupes-de-cinq si tu en as besoin. Écris la phrase numérique dix-plus équivalente.

1. 4 + 9 = ___

10 + ___ = ___

2. 6 + 8 = ___

10 + ___ = ___

3. 7 + 4 = ___

10 + ___ = ___

4. Fais correspondre les expressions égales.

a. 9 + 3   10 + 1

b. 5 + 8   10 + 4

c. 9 + 6   10 + 2

d. 8 + 9   10 + 5

e. 4 + 7   10 + 7

f. 6 + 8   10 + 3

Complète les phrases d'addition pour les rendre vraies.

	a.	b.	c.
5.	9 + 2 = ___	8 + 4 = ___	7 + 5 = ___
6.	9 + 5 = ___	8 + 3 = ___	7 + 6 = ___
7.	6 + 9 = ___	6 + 8 = ___	4 + 7 = ___
8.	7 + 9 = ___	5 + 8 = ___	7 + 7 = ___
9.	9 + ___ = 17	8 + ___ = 16	7 + ___ = 16
10.	___ + 9 = 15	___ + 8 = 15	___ + 7 = 17

Nom _____ Date _____

Résous. Utilise des liaisons numériques ou des dessins groupes-de-cinq si tu en as besoin. Écris la phrase numérique dix-plus équivalente.

a.
9 + 5 = ___

10 + ___ = ___

b.
8 + 4 = ___

10 + ___ = ___

c.
7 + 6 = ___

10 + ___ = ___

Lis

Nicolas a acheté 9 pommes vertes et 7 pommes rouges. Sofia a acheté 10 pommes rouges et 6 pommes vertes. Sofia pense qu'elle a plus de pommes que Nicholas. A-t-elle raison ? Choisis une stratégie que tu as apprise pour montrer ton travail. Ensuite, écris des phrases numériques pour montrer combien de pommes a Nicholas et combien de pommes a Sofia.

Dessine

Écris

Nom _____ Date _____

Jeremy avait 7 gros cailloux et 8 petits cailloux dans sa poche.

Combien de cailloux a Jeremy ?

1. Entoure tous les travaux des élèves qui correspondent à l'histoire.

a.
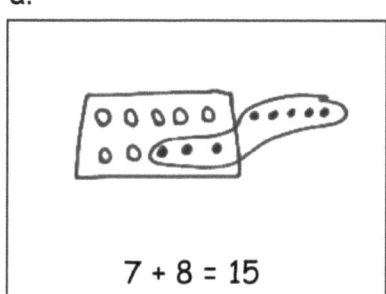
7 + 8 = 15

b.
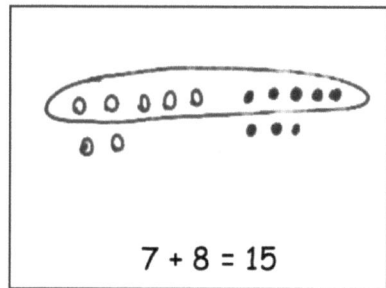
7 + 8 = 15

c.
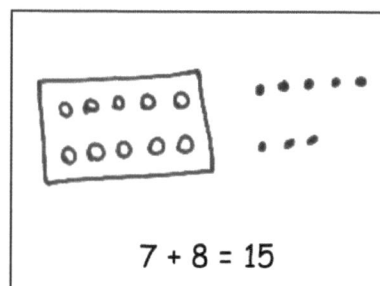
7 + 8 = 15

d.
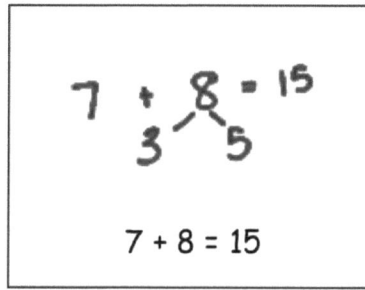
7 + 8 = 15

e.
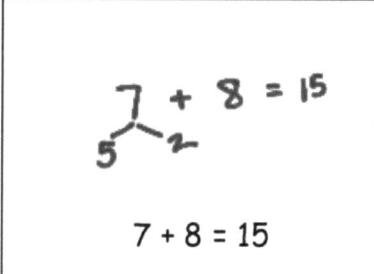
7 + 8 = 15

f.
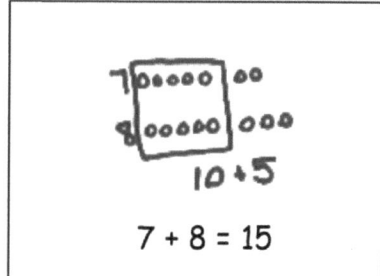
7 + 8 = 15

2. Corrige le travail qui était incorrect en faisant un nouveau dessin dans l'espace ci-dessous avec la phrase numérique correspondante.

UNE HISTOIRE D'UNITÉS — Leçon 11 Problème d'application 1•2

Résous par toi-même. Montre ton raisonnement en dessinant ou en écrivant. Écris une légende pour répondre à la question.

3. Il y a 4 petits gâteaux à la vanille et 8 petits gâteaux au chocolat pour la fête. Combien de petits gâteaux ont été faits pour la fête ?

4. Il y a 5 filles et 7 garçons sur le terrain de jeu. Combien d'élèves sont sur le terrain de jeu ?

Quand tu auras terminé, partage tes solutions avec un(e) camarade. Comment ton/ta camarade a-t-il/elle résolu chaque problème ? Sois prêt(e) à partager la méthode utilisée par ton/ta camarade pour résoudre les problèmes.

Nom _____ Date _____

John pense que le problème ci-dessous devrait être résolu en utilisant des dessins groupes-de-cinq, et Sue pense qu'il devrait être résolu en utilisant une liaison numérique. Résous les deux problèmes et entoure la stratégie qui te semble la plus efficace.

Kim marque 5 buts dans son match de football et 8 points dans son match de softball. Combien de points marque-t-elle au total ?

Travail de John

Travail de Sue

Leçon 11 : Partage et critique les stratégies de solutions des autres élèves pour des problèmes de mots pour *mettre ensemble total inconnu*.

Lis

Claudia a acheté 8 pommes rouges et 9 pommes vertes. Combien de pommes Claudia a-t-elle au total ? Fais un dessin mathématique, une phrase numérique et une légende pour montrer ton raisonnement.

Extension : Claudia a mangé 3 pommes rouges et son amie a mangé 4 pommes vertes. Combien de pommes Claudia a-t-elle maintenant ?

Dessine

Leçon 12 : Résous les problèmes de mots en soustrayant 9 de 10.

Écris

UNE HISTOIRE D'UNITÉS **Leçon 12 Problème d'application** 1•2

Nom _____ Date _____

Fais un dessin mathématique simple. Raie les 10 uns ou l'autre partie afin de montrer ce qui se passe dans les histoires.

1. Bill a 16 raisins. 10 sont sur une vigne, et 6 sont sur le terrain. Bill mange 9 raisins de la vigne. Combien de raisins reste-t-il à Bill ?

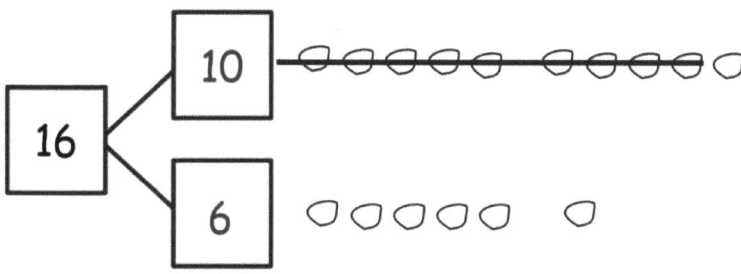

Bill a ___ raisins maintenant.

2. 12 grenouilles sont dans l'étang. 10 sont sur un nénuphar et 2 sont dans l'eau. 9 grenouilles sautent hors du nénuphar et hors de l'étang. Combien de grenouilles se trouvent dans l'étang ?

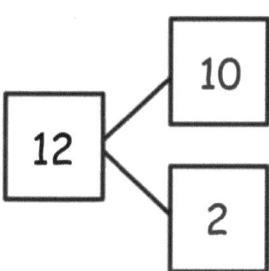

Il y a encore ___ grenouilles dans l'étang.

3. Kim a 14 autocollants. 10 autocollants sont sur la première page, et 4 autocollants sont sur la deuxième page. Kim perd 9 autocollants de la première page. Combien d'autocollants sont encore dans son livre ?

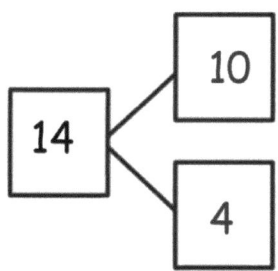

Kim a ___ autocollants dans son livre.

Leçon 12 : Résous les problèmes de mots en soustrayant 9 de 10.

4. 10 œufs sont dans un carton et 5 œufs dans un bol. Le père de Joe cuit 9 œufs du carton. Combien d'œufs reste-il ?

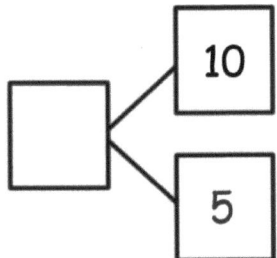

Il reste ___ œufs.

5. Jana avait 10 cadeaux emballés sur la table et 7 cadeaux emballés sur le sol. Elle a déballé 9 cadeaux de la table. Combien de cadeaux sont encore emballés ?

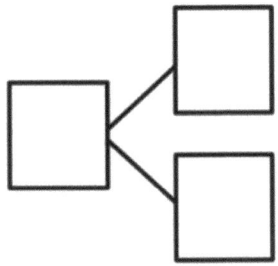

Jana a ___ cadeaux encore emballés.

6. Il y a 10 petits gâteaux sur un plateau et 8 sur la table. Sur le plateau, il y a 9 petits gâteaux à la vanille. Le reste des petits gâteaux sont au chocolat. Combien de petits gâteaux sont au chocolat ?

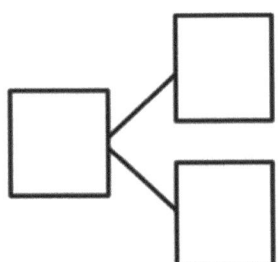

Il y a ___ petits gâteaux au chocolat.

Nom _____ Date _____

Fais un dessin mathématique simple. Raie les 10 pour montrer ce qui se passe dans l'histoire.

Il y avait 16 livres sur la table. 10 livres étaient sur les dinosaures. 6 livres concernaient les poissons. Un élève a pris 9 des livres sur les dinosaures. Combien de livres ont été laissés sur la table ?

____ livres ont été laissés sur la table.

UNE HISTOIRE D'UNITÉS **Leçon 12 Modèle de maîtrise 2** 1•2

○○○○○ ○○○○○

Insertion de rangées à groupe de 5

Leçon 12 : Résous les problèmes de mots en soustrayant 9 de 10.

Leçon 13 Problème d'application

Lis

Dix flocons de neige sont tombés sur la moufle de Sam et 6 sont tombés sur son manteau. Neuf des flocons de neige qui se trouvent sur la moufle de Sam ont fondu. Combien de flocons de neige reste-t-il ? Écris une phrase de soustraction pour montrer combien il reste de flocons de neige.

Dessine

Écris

Nom _____   Date _____

Résous. Utilise des rangées à groupe de 5 et raie pour montrer ton travail.

1. Mike a 10 biscuits sur une assiette et 3 biscuits dans une boîte. Il mange 9 biscuits de l'assiette. Combien de biscuits reste-t-il ?

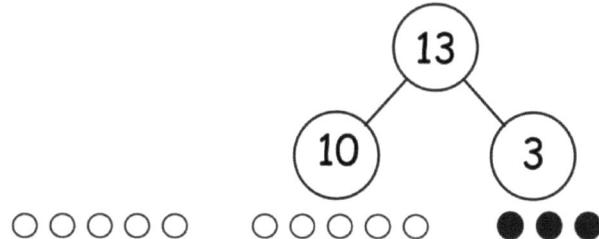

Mike a ___ biscuits restants.

2. Fran a 10 crayons de couleur dans une boîte et 5 crayons de couleur sur le bureau. Fran prête à Bob 9 crayons de couleur de la boîte. Combien de crayons Fran a-t-il à utiliser ?

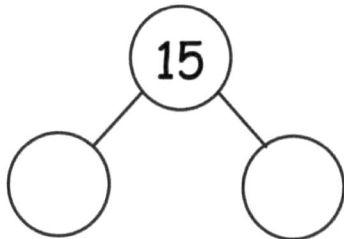

Fran a ___ crayons à utiliser.

3. 10 canards sont dans l'étang et 7 canards sont sur le terrain. 9 des canards dans l'étang sont des canetons, et tous les autres canards sont des adultes. Combien y a-t-il de canards adultes ?

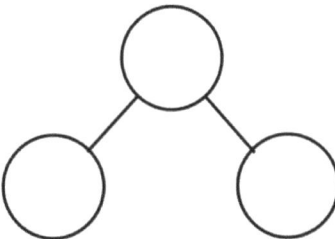

Il y a ___ canards adultes.

Leçon 13 : Résous les problèmes de mots en soustrayant 9 de 10.

Avec un camarade, crée tes propres histoires à faire correspondre et résous les phrases numériques. Fais une liaison numérique pour montrer le tout comme 10 et des uns. Dessine des rangées à groupe de 5 pour correspondre à ton histoire. Écris la phrase numérique complète sur la ligne.

4. $16 - 9 = \square$

5. $12 - 9 = \square$

6. $19 - 9 = \square$

Nom _____ Date _____

Résoudre. Remplis la liaison numérique. Utilise des rangées à groupe de 5 et raie pour montrer ton travail.

Gabriela a 4 pinces à cheveux dans ses cheveux et 10 pinces à cheveux dans sa chambre. Elle donne 9 des pinces à cheveux de sa chambre à sa sœur. Combien de pinces à cheveux Gabriela a-t-elle maintenant ?

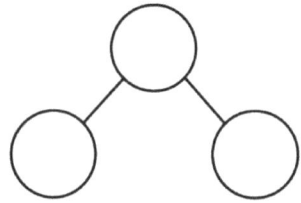

Gabriela a ___ pinces à cheveux.

Leçon 13 : Résous les problèmes de mots en soustrayant 9 de 10.

Lis

Sarah a 6 perles bleues dans son sac et 4 perles vertes dans sa poche. Elle donne les 6 perles bleues et 3 perles vertes. Combien de perles lui reste-t-il ?

Dessine

Écris

Leçon 14 : Modélise la soustraction de 9 des numéros de dix à dix-neuf.

Nom _____ Date _____

1. Fais correspondre les images avec les phrases numériques.

a. 11 - 9 = 2

b. 14 - 9 = 5

c. 16 - 9 = 7

d. 18 - 9 = 9

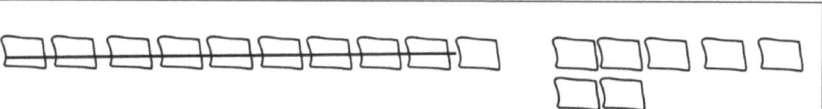

e. 17 - 9 = 8

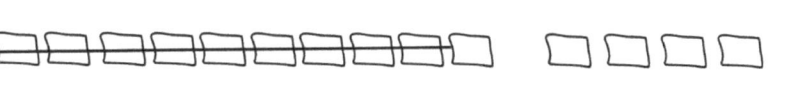

 10 et soustrais.

2. 12 - 9 = ____

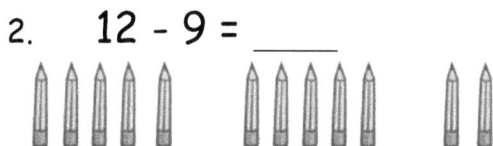

3. 14 - 9 = ____

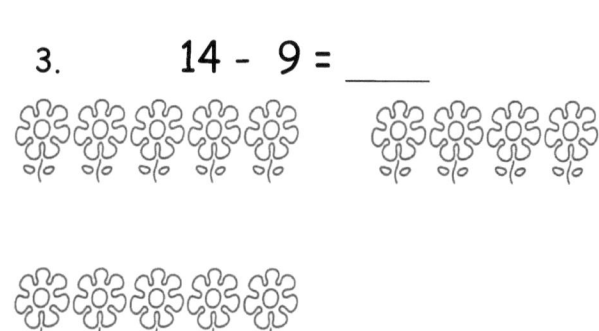

Leçon 14 : Modélise la soustraction de 9 des numéros de dix à dix-neuf.

4. 15 - 9 = _____

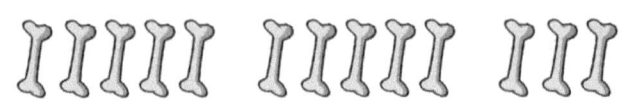

5. 13 - 9 = _____

6. 16 - 9 = _____

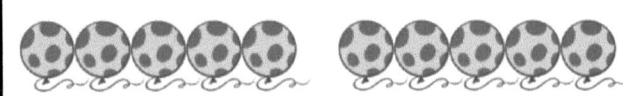

7. 17 - 9 = _____

Dessine et (Entoure) 10. Soustrais ensuite.

8. 12 - 9 = _____

9. 13 - 9 = _____

10. 14 - 9 = _____

11. 15 - 9 = _____

UNE HISTOIRE D'UNITÉS   Ticket de sortie de la leçon 14   1•2

Nom _____   Date _____

Dessine et (Entoure) 10. Résous et crée une liaison numérique.

1. 17 - 9 = _____   2. 14 - 9 = _____

3. 15 - 9 = _____   4. 18 - 9 = _____

Leçon 14 : Modélise la soustraction de 9 des numéros de dix à dix-neuf.

Lis

Julian a 7 marqueurs. Sa mère lui en donne 8 de plus. Il perd 9 marqueurs. Combien lui en reste-t-il ?

Dessine

Écris

_____

_____

_____

Nom _____ Date _____

1. Fais correspondre les images avec les phrases numériques.

   a.   13 - 9 = 4

   b.   14 - 9 = 5

   c.   17 - 9 = 8

   d.   18 - 9 = 9

   e.   16 - 9 = 7

Trace des rangées à groupe de 5. Visualise, puis raie pour résoudre. Complète les phrases numériques.

2. 11 - 9 = _____

3. 13 - 9 = _____

4. 16 - 9 = _____

5. 17 - 9 = _____

Leçon 15 :   Modélise la soustraction de 9 des numéros de dix à dix-neuf.

6. 14 - 9 = ____

7. 13 - 9 = ____

8. 12 - 9 = ____

9. 15 - 9 = ____

10. Montre comment arriver à 10 et soustraire de 10 pour compléter les deux phrases numériques.

    a. 5 + 9 = ____

    b. 14 - 9 = ____

11. Fais une liaison numérique pour le problème 10. Écris deux phrases numériques supplémentaires qui utilisent cette liaison numérique.

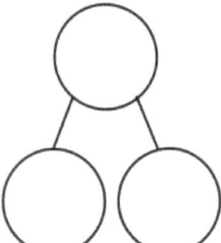

Nom _____ Date _____

Trace des rangées à groupe de 5 et raie pour résoudre. Complète les phrases numériques.

1. 17 - 9 = _____

2. 19 - 9 = _____

Leçon 15 : Modélise la soustraction de 9 des numéros de dix à dix-neuf.

Lis

Il y avait 16 manteaux sur le porte-manteau. Neuf élèves ont pris leur manteau pour aller à l'extérieur. Combien de manteaux étaient encore sur le porte-manteau ?

Extension : Si 4 autres élèves prennent leur manteau pour sortir, combien de manteaux seront encore accrochés ?

Dessine

Écris
___
___
___

Nom _____ Date _____

Résous le problème en comptant sur (a) et en utilisant une liaison numérique pour soustraire de dix (b).

1. Lucy avait 12 ballons à sa fête d'anniversaire. Elle a donné 9 ballons à ses amis. Combien de ballons lui restait-il ?

   a. 12 - 9 = ___

   b. 12 - 9 = ____
      ∧

   Lucy avait ____ ballons restants.

---

2. Justin avait 15 myrtilles dans son assiette. Il en a mangé 9. Combien lui en reste-t-il à manger ?

   a. 15 - 9 = ___

   b. 15 - 9 = ____
      ∧

   Justin a encore ____ myrtilles à manger.

Leçon 16 : Relie la stratégie de compter à celles d'arriver à dix et de soustraire de dix.

Complète les phrases de soustraction en utilisant la stratégie soustraire de dix et compter. Dis quelle stratégie tu préfères utiliser pour les Problèmes 3 et 4.

3. a. 11 - 9 = ____   b. 11 - 9 = ____

☐ soustrais de dix

☐ Compte

4. a. 18 - 9 = ____   b. 18 - 9 = ____

☐ soustrais de dix

☐ Compte

5. Réfléchis à la façon de résoudre les problèmes de soustraction suivants :

16 - 9   12 - 9   18 - 9

11 - 9   15 - 9   14 - 9

13 - 9   19 - 9   17 - 9

Choisis les problèmes pour lesquels tu penses qu'il est plus facile de compter depuis 9 et ceux pour lesquels il est plus facile d'utiliser la stratégie de soustraire de dix. Écris les problèmes dans les cases ci-dessous.

Problèmes d'utilisation de la stratégie de compter avec :	**Problèmes d'utilisation de la stratégie de soustraire de dix avec :**

Y avait-il des problèmes aussi faciles à utiliser avec l'une ou l'autre méthode ? As-tu utilisé une méthode différente pour certains problèmes ?

Nom _____ Date _____

Compléte les phrases de soustraction en utilisant à la fois les stratégies compter et soustraire de dix.

1. une. 13 - 9 = ___   b. 13 - 9 = ___
                             ∧

2. une. 17 - 9 = ___   b. 17 - 9 = ___
                             ∧

Leçon 16 : Relie la stratégie de compter à celles d'arriver à dix et de soustraire de dix.

Lis

Gisella avait 13 marqueurs dans son sac. Huit marqueurs sont tombés du sac. Combien de marqueurs Gisella a-t-elle maintenant ?

Dessine

Leçon 17 : Modélise la soustraction de 8 des numéros de dix à dix-neuf.

Écris

___

___

___

Leçon 17 : Modélise la soustraction de 8 des numéros de dix à dix-neuf.

Nom _____ Date _____

1. Fais correspondre les images avec les phrases numériques.

   a. 12 - 8 = 4

   b. 17 - 8 = 9

   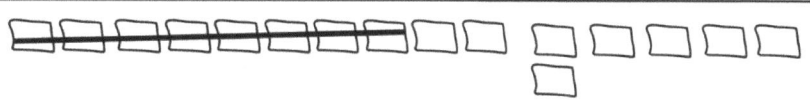

   c. 16 - 8 = 8

   d. 18 - 8 = dix

   e. 14 – 8 = 6

Entoure 10 et soustrais

2. 13 - 8 = _____

3. 11 - 8 = _____

Leçon 17 : Modélise la soustraction de 8 des numéros de dix à dix-neuf.

4. 15 - 8 = _____

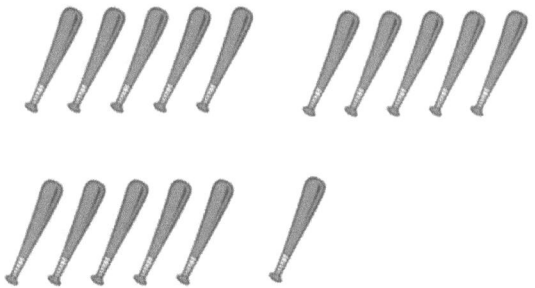

5. 19 - 8 = _____

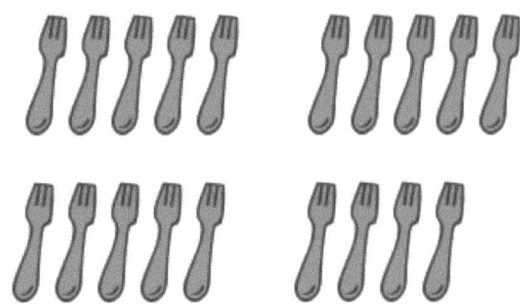

6. 16 - 8 = _____

7. 17 - 8 = _____

Dessine et entoure 10, **ou** divise le numéro de dix à dix-neuf avec une liaison numérique. Ensuite soustrais.

8. 12 - 8 = _____

9. 13 - 8 = _____

10. 14 - 8 = _____

11. 15 - 8 = _____

Nom _____ Date _____

1. Dessine et (Entoure) 10. Soustrais ensuite.

   a. 12 - 8 = _____

   b. 14 - 8 = _____

2. Utilise une liaison numérique pour diviser le numéro de dix à dix-neuf. Soustrais ensuite.

   15 - 8 = _____

Leçon 17 : Modélise la soustraction de 8 des numéros de dix à dix-neuf.

Lis

Juliana fait rouler 8 voitures sur une rampe. Si elle a commencé avec 15 voitures au sommet de la rampe, combien de voitures Juliana a-t-elle encore au sommet de la rampe ?

Dessine

Écris

Nom _____ Date _____

1. Fais correspondre les images avec les phrases numériques.

   a. 13 - 8 = 5

   b. 14 – 8 = 6

   c. 17 - 8 = 9

   d. 18 - 8 = 10

   e. 16 - 8 = 8

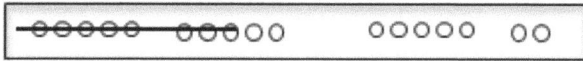

Fais un dessin mathématique d'une rangée à groupe de 5 et des uns pour résoudre les problèmes suivants. Écris la phrase d'addition qui montre comment ajouter les parties après avoir soustrait 8 ou 9.

2. 11 - 8 = _____   _____

3. 12 - 8 = _____   _____

4. 15 - 8 = _____   _____

Leçon 18 :   Modélise la soustraction de 8 des numéros de dix à dix-neuf.

5. 19 - 8 = _____ _____

6. 16 - 8 = _____ _____

7. 16 - 9 = _____ _____

8. 14 - 9 = _____ _____

9. Montre comment arriver à dix et soustraire de dix pour résoudre les deux phrases numériques.

   a. 6 + 8 = _____   b. 14 - 8 = _____

Nom _____ Date _____

Trace des rangées à groupe de 5 et raie pour résoudre. Complète les phrases numériques. Écris la phrase d'addition 2 + qui t'a aidé à ajouter les deux parties.

1. 14 - 8 = _____

2 + _____ = _____

2. 17 - 8 = _____

2 + _____ = _____

Leçon 18 : Modélise la soustraction de 8 des numéros de dix à dix-neuf.

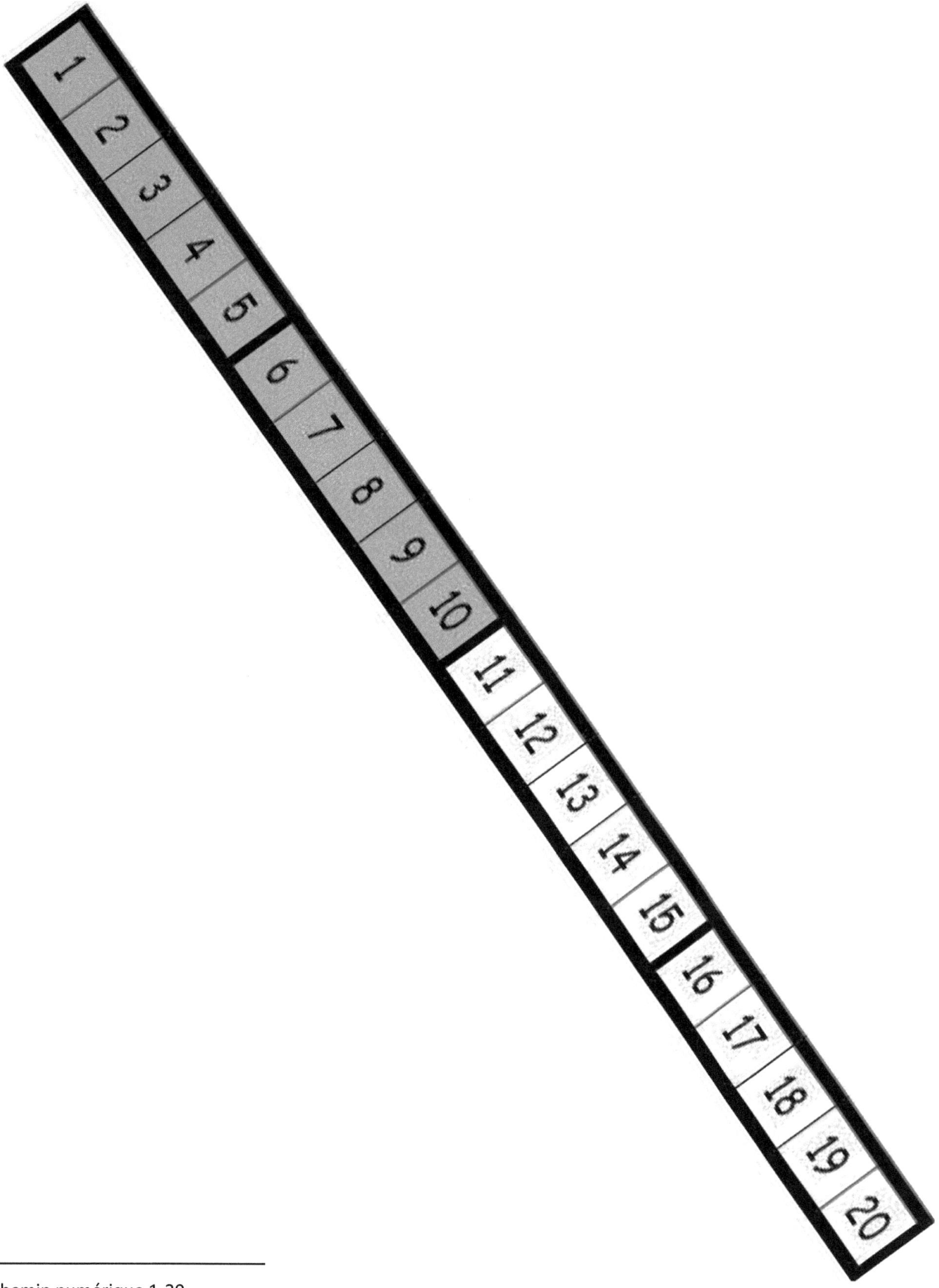

UNE HISTOIRE D'UNITÉS

Leçon 18 Modèle de maîtrise 2 1•2

_____
chemin numérique 1-20

Leçon 18 :   Modélise la soustraction de 8 des numéros de dix à dix-neuf.

Lis

Carla, Jose et Yannis ont chacun 8 cerises.

Ils ont tous plus de cerises à mettre dans leurs bols.

Maintenant, Carla a 12 cerises, Jose a 14 cerises et Yannis a 16 cerises.

Combien de cerises supplémentaires ont-ils mis chacun dans leur bol ?

Écris une phrase numérique pour chaque réponse.

Dessine

Écris

___

___

___

Nom _____ Date _____

Utilise une liaison numérique pour montrer comment tu as utilisé la stratégie soustraire de dix pour résoudre le problème.

1. Kevin avait 14 crayons de couleur. Huit des crayons de couleur étaient cassés. Combien de ses crayons de couleur n'étaient pas cassés ?

14 - 8 = _____

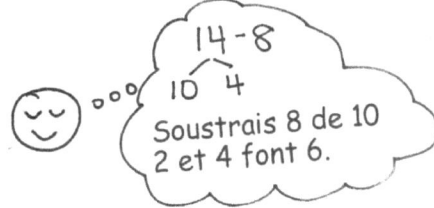

Kevin avait ___ crayons de couleur qui n'étaient pas cassés.

Utilise des liens numériques pour montrer ton raisonnement.

2. 17 - 8 = _____

3. 18 - 8 = _____

Compte sur pour résoudre.

4. 13 - 8 = _____

5. 15 - 8 = _____

Leçon 19 : Compare l'efficacité de compter et de soustraire de dix.

| 1 | 2 | 3 | 4 | 5 | 6 | 7 | 8 | 9 | 10 | 11 | 12 | 13 | 14 | 15 | 16 | 17 | 18 | 19 | 20 |

Complète les phrases de soustraction en utilisant les stratégies soustraire de dix et compter. Vérifie la stratégie qui t'a semblé la plus simple.

6. a. 12 - 8 = ___   b. 8 + ___ = 12   ☐ soustraire de dix
                                       ☐ compter

7. a. 11 - 8 = ___   b. 8 + ___ = 11   ☐ soustraire de dix
                                       ☐ compter

8. a. 16 - 8 = ___   b. 8 + ___ = 16   ☐ soustraire de dix
                                       ☐ compter

As-tu utilisé une stratégie différente ?

9. a. 19 - 8 = ___   b. 8 + ___ = 19   ☐ soustraire de dix
                                       ☐ compter

As-tu utilisé une stratégie différente ?

Nom _____ Date _____

Complète les phrases de soustraction en utilisant la stratégie soustraire de dix et compte.

| 1 | 2 | 3 | 4 | 5 | 6 | 7 | 8 | 9 | 10 | 11 | 12 | 13 | 14 | 15 | 16 | 17 | 18 | 19 | 20 |

1. a. 11 - 8 = ___

   b. 8 + ___ = 11

2. a. 15 - 8 = ___

   b. 8 + ___ = 15

Leçon 19 : Compare l'efficacité de compter et de soustraire de dix.

Lis

Imran a 8 crayons de couleur dans sa boîte à crayons et 7 crayons de couleur dans son bureau. Combien de crayons de couleur Imran a-t-il au total ?

Dessine

Leçon 20 : Soustrais 7, 8 et 9 des numéros de dix à dix-neuf.

Écris

UNE HISTOIRE D'UNITÉS **Leçon 20 Série de problèmes** 1•2

Nom _____ Date _____

Résous les problèmes ci-dessous. Utilise des dessins ou des liaisons numériques.

1. 11 − 9 = ____	2. 11 − 8 = ____

---

3. 13 − 9 = ____	4. 13 − 8 = ____

---

5. 13 − 7 = ____	6. 12 − 7 = ____

---

7. Fais correspondre les expressions égales.

   a. 16 − 7		13 − 9
   b. 17 − 7		18 − 9
   c. 12 − 8		15 − 9
   d. 14 − 8		18 − 8

Leçon 20 : Soustrais 7, 8 et 9 des numéros de dix à dix-neuf.

Complète les phrases de soustraction pour les rendre vraies.

a.	b.	c.
8. 12 - 9 = ____	13 - 9 = ____	14 - 9 = ____
9. 12 - 8 = ____	13 - 8 = ____	14 - 8 = ____
10. 11 - 7 = ____	12 - 7 = ____	13 - 7 = ____
11. 16 - 9 = ____	18 - 9 = ____	17 - 9 = ____
12. 16 - ____ = 9	15 - ____ = 9	15 - ____ = 7
13. 15 - ____ = 6	11 - ____ = 3	16 - ____ = 7

Nom _____ Date _____

Résous les problèmes ci-dessous. Utilise des dessins ou des liaisons numériques.

a. 14 - 9 = ____   b. 14 - 7 = ____   c. 14 - 8 = ____

---

d. 16 - 7 = ____   e. 16 - 9 = ____   f. 16 - 8 = ____

Leçon 20 :   Soustrais 7, 8 et 9 des numéros de dix à dix-neuf.

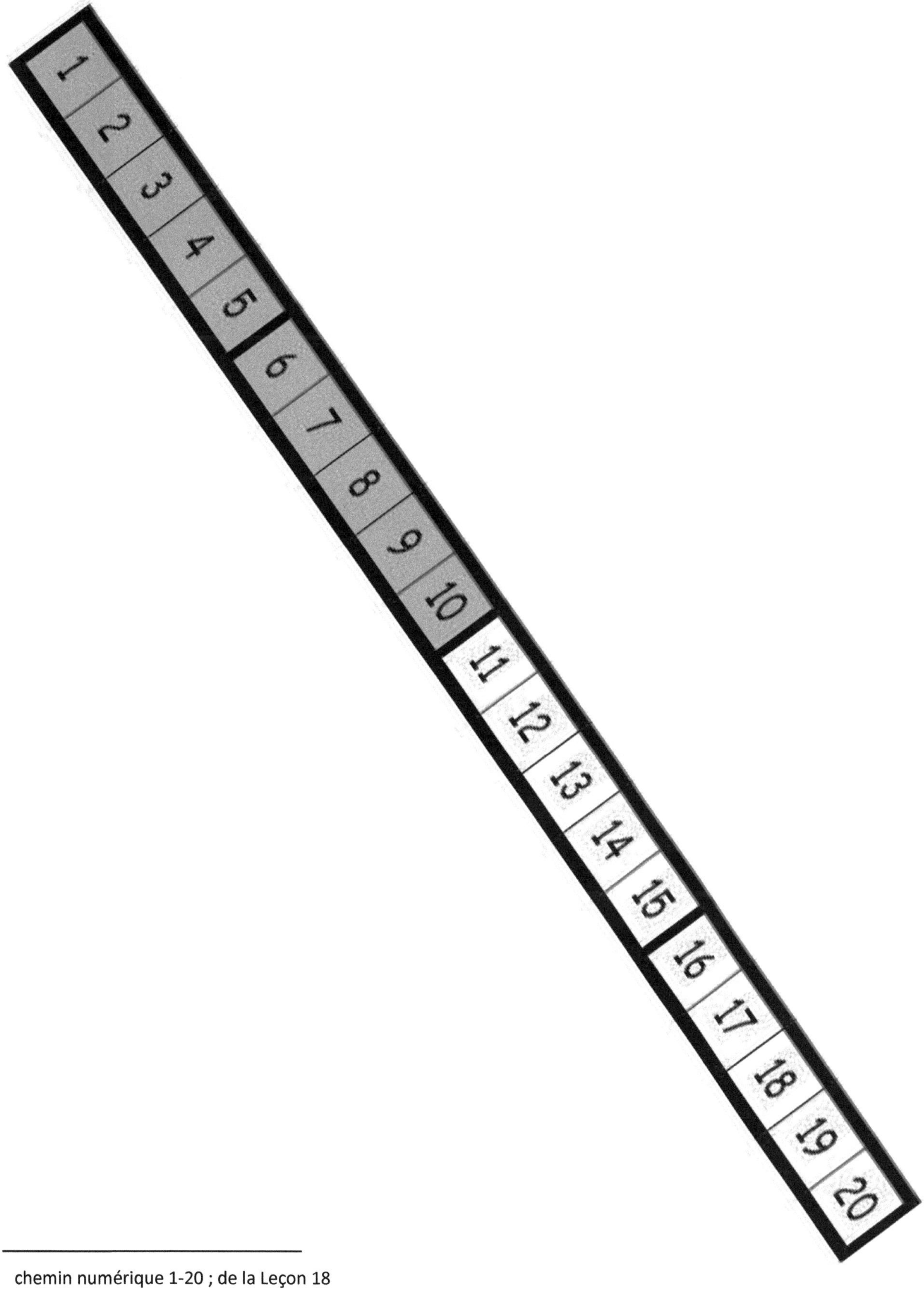

UNE HISTOIRE D'UNITÉS Leçon 20 Modèle de maîtrise 2 1•2

_____

chemin numérique 1-20 ; de la Leçon 18

Leçon 20 : Soustrais 7, 8 et 9 des numéros de dix à dix-neuf.

Lis

Il y a 16 tapis de lecture dans la classe. Si 9 tapis de lecture sont utilisés, combien de tapis de lecture sont encore disponibles ?

Dessine

Écris

Nom _____   Date _____

Il y avait 16 chiens en train de jouer dans le parc. Sept des chiens sont rentrés chez eux. Combien de chiens sont encore dans le parc ?

1. Entoure tout le travail des élèves qui correspond correctement à l'histoire.

a.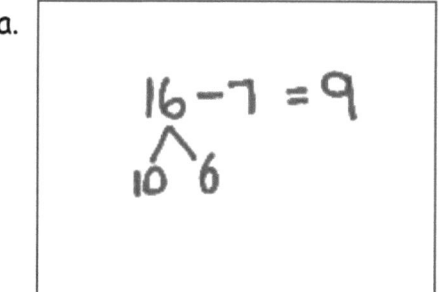

b.

c.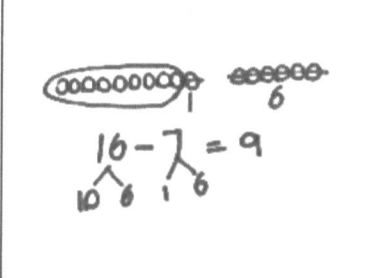

d.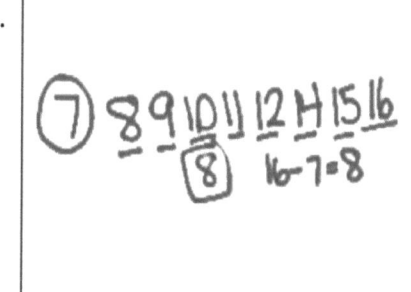

e.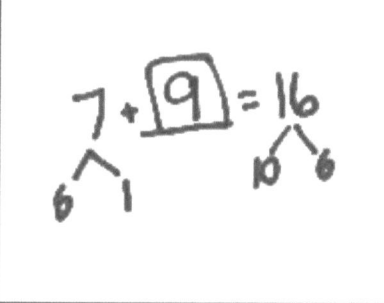

f.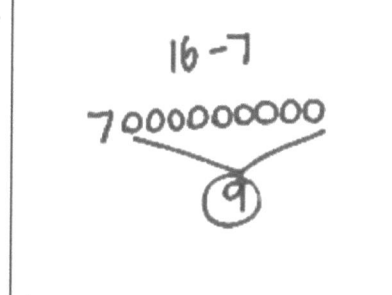

2. Corrige le travail qui était incorrect en faisant un nouveau dessin dans l'espace ci-dessous avec la phrase numérique correspondante.

Résous par toi-même. Montre ton raisonnement en dessinant ou en écrivant. Écris une légende pour répondre à la question.

3. Il y avait 12 biscuits au sucre dans la boîte. Mon ami et moi en avons mangé 5. Combien de biscuits reste-t-il dans la boîte ?

4. Megan a emprunté 17 livres de la bibliothèque. Elle en a lu 9. Combien lui en reste-t-il à lire ?

Quand tu auras terminé, partage tes solutions avec un camarade. Comment votre camarade a-t-il résolu chaque problème ? Sois prêt(e) à partager la méthode utilisée par ton camarade pour résoudre le problème.

Nom _____ Date _____

Meg pense que l'utilisation de la stratégie de soustraire de dix est la meilleure façon de résoudre le problème de mot suivant. Bill pense que résoudre le problème en utilisant la stratégie de compter est la meilleure façon. Résous le problème en utilisant ces deux stratégies et explique quelle stratégie te semble être la meilleure.

Stratégies :
- Soustraire de 10
- Arriver à 10
- Compter
- Je savais juste

Mike et Sally ont 6 chats. Ils ont 14 animaux au total. Combien d'animaux ont-ils qui ne sont *pas* des chats ?

Stratégie de Meg	Stratégie de Bill

Je pense que la stratégie de _____ est la meilleure parce que _____

_____

_____ .

Nom _____ Date _____

Lis le problème de mots.
Dessine et étiquette.
Écris une phrase numérique et une légende qui correspondent à l'histoire.

1. Cette semaine, Maria a mangé 5 prunes jaunes et quelques prunes rouges. Si elle a mangé 11 prunes en tout, combien de prunes rouges Maria a-t-elle mangées ?

2. Tatyana a compté 14 grenouilles. Elle en a compté 8 qui nageaient dans l'étang et le reste étaient assises sur des nénuphars. Combien de grenouilles étaient assises sur des nénuphars ?

3. Il y a des enfants sur le terrain de jeu. Huit sont sur les balançoires et les autres jouent au loup. Il y a 15 enfants au total. Combien d'enfants jouent au loup ?

4. Oziah a lu quelques livres de non-fiction. Ensuite, il a lu 7 livres de fiction. S'il a lu au total 16 livres, combien de livres de non-fiction Oziah a-t-il lus ?

Rejoins un camarade et partage tes dessins et phrases.
Discute avec ton camarade de la façon dont ton dessin correspond à l'histoire.

UNE HISTOIRE D'UNITÉS   Leçon 22 Ticket de sortie 1•2

Nom _____   Date _____

Lis le problème de mots.
Dessine et étiquette.
Écris une phrase numérique et une légende qui correspondent à l'histoire.

N'oublie pas de tracer un cadre autour de ta solution dans la phrase numérique.

1. Certains élèves de la classe de Mme See sont des marcheurs. Il y a au total 17 élèves dans sa classe. Si 8 élèves prennent le bus, combien d'élèves sont des marcheurs ?

2. J'ai cuit 13 miches de pain pour une fête. Certaines ont été brûlées, alors je les ai jetées. J'ai apporté les 8 miches de pain restantes à la fête. Combien de miches de pain ont été brûlées ?

Leçon 22 :   Résous les problèmes de mots *mettre ensemble / décomposer* avec un nombre à ajouter inconnu, et relie la stratégie de compter à celle de soustraire de dix.

137

Lis

Le matin, il y avait 8 feuilles par terre sous le ficus.

Pendant la journée, encore plus de feuilles sont tombées sur le sol.

Maintenant, il y a 13 feuilles sur le sol. Combien de feuilles sont tombées pendant la journée ?

Dessine

Écris

_____

_____

_____

Nom _____ Date _____

Lis le problème de mots.

Dessine et étiquette.

Écris une phrase numérique et une légende qui correspondent à l'histoire.

1. Janet a lu 8 livres pendant la semaine. Elle a lu d'autres livres pendant le week-end. Elle a lu 12 livres au total. Combien de livres Janet a-t-elle lus ce week-end ?

2. Eric a marqué 13 buts cette saison ! Il a marqué 5 buts avant les éliminatoires. Combien de buts Eric a-t-il marqués lors des éliminatoires ?

Leçon 23 : Résous les problèmes *ajouter avec changement inconnu*, en reliant des stratégies variées de l'addition et de la soustraction.

3. Il y avait 8 coccinelles sur une branche. D'autres sont venues. Ensuite, il y avait 15 coccinelles sur la branche. Combien de coccinelles sont venues ?

4. L'ami de Marco lui a donné des cartes de baseball à l'école. S'il a déjà reçu 9 cartes de baseball de sa famille et qu'il en a maintenant 19 au total, combien de cartes de baseball a-t-il obtenues à l'école ?

Rejoins un camarade et partage tes dessins et phrases. Discute avec ton camarade de la façon dont ton dessin correspond à l'histoire.

Nom _____ Date _____

Lis le problème de mots.
Dessine et étiquette.
Écris une phrase numérique et une légende qui correspondent à l'histoire.

Shanika a mangé 7 mini-bretzels le matin. Elle a mangé le reste de ses mini-bretzels dans l'après-midi. Elle a mangé 13 mini-bretzels au total ce jour-là. Combien de mini-bretzels Shanika a-t-elle mangés l'après-midi ?

Lis

Hier, j'ai vu 11 oiseaux sur une branche. Trois oiseaux les ont rejoints sur la branche. Combien d'oiseaux étaient alors sur la branche ?

Dessine

ue # Écris

Nom _____ Date _____

Lis le problème de mots.

Dessine et étiquette.

Écris une phrase numérique et une légende qui correspondent à l'histoire.

1. Jose voit 11 grenouilles sur le rivage. Quelques grenouilles sautent dans l'eau. Maintenant, il y a 8 grenouilles sur le rivage. Combien de grenouilles ont sauté dans l'eau ?

2. Cameron donne certaines de ses pommes à sa sœur. Il lui reste 9 pommes. S'il avait 15 pommes au début, combien de pommes a-t-il données à sa sœur ?

Leçon 24 : Élabore des stratégies pour résoudre des problèmes *soustraire avec changement inconnu*.

3. Molly avait 16 livres. Elle en a prêté quelques-uns à Gia. Combien de livres Gia a-t-elle empruntés si Molly a encore 8 livres ?

4. 18 chevreaux jouaient dehors. Certains sont entrés dans la grange. Neuf d'entre eux sont restés dehors pour jouer. Combien de chevreaux sont entrés à l'intérieur ?

Rejoins un camarade et partage tes dessins et phrases. Discute avec ton partenaire de la façon dont ton dessin raconte l'histoire.

Nom _____   Date _____

Lis le problème de mots.

Dessine et étiquette.

Écris une phrase numérique et une légende qui correspondent à l'histoire.

Il y avait 18 chiens qui sautaient dans une flaque d'eau. Quelques chiens sont partis. Neuf chiens sont toujours en train de sauter dans la flaque d'eau. Combien de chiens restent-ils ?

Lis

Micah avait 16 camions et il en a perdu 9. Charles avait 1 camion et il a reçu 6 autres camions de sa mère. Qui a plus de camions, Micah ou Charles ?

Dessine

Écris

Nom _____   Date _____

Utilise les cartes d'expression pour jouer à Memory. Écris les expressions correspondantes pour faire de vraies phrases numériques.

1.
☐ = ☐

2.
☐ = ☐

3.
☐ = ☐

4.
☐ = ☐

5.
☐ = ☐

Leçon 25 : Élabore une stratégie et applique ta compréhension du signe égal pour résoudre les expressions équivalentes.

6. Écris une vraie phrase numérique en utilisant les expressions qui te restent. Utilise des images et des mots pour montrer comment tu sais que deux des expressions ont les mêmes nombres inconnus.

7. Utilise d'autres faits que tu connais pour écrire au moins deux phrases de nombres vrais similaires au type ci-dessus.

8. Les phrases de nombre d'addition suivantes sont FAUSSES. Modifie un nombre dans chaque problème pour créer une phrase numérique VRAIE et réécris la phrase numérique.

   a. 8 + 5 = 10 + 2 _____

   b. 9 + 3 = 8 + 5 _____

   c. 10 + 3 = 7 + 5 _____

9. Les phrases de nombre de soustraction suivantes sont FAUSSES. Modifie un nombre dans chaque problème pour créer une phrase numérique VRAIE et réécris la phrase numérique.

   a. 12 - 8 = 1 + 2 _____

   b. 13 - 9 = 1 + 4 _____

   c. 1 + 3 = 14 - 9 _____

Nom _____ Date _____

On te donne ces nouvelles cartes d'expression. Écris des expressions correspondantes pour faire de vraies phrases numériques.

| 8 + 9 | 12 - 7 | 19 - 2 | 2 + 15 |

| 3 + 2 | 10 + 7 | 14 - 9 | 1 + 4 |

☐ = ☐

☐ = ☐

☐ = ☐

☐ = ☐

Leçon 25 : Élabore une stratégie et applique ta compréhension du signe égal pour résoudre les expressions équivalentes.

Lis

Ruben possède 18 petites voitures. Son porte-voiture peut contenir 10 petites voitures. Si le transporteur de Ruben est plein, combien de voitures se trouvent dans le transporteur et combien de voitures se trouvent à l'extérieur du transporteur ?

Dessine

Écris

_____

_____

_____

Nom _____ Date _____

Entoure dix. Écris le numéro. Combien de **dizaines** et **d'unités**?

1. [☐] est la même chose que ___ dizaines et ___ unités.

2. [☐] est la même chose que ___ dizaines et ___ unités.

3. [☐] est la même chose que ___ unités et ___ dizaines.

4. [☐] est la même chose que ___ dizaines et ___ unités.

5. [☐] est la même chose que ___ dizaines et ___ unités.

Leçon 26 : Identifie 1 dix comme une unité en renommant les représentations de 10.

Montre le total et les dizaines et les unités avec les cartes Hide Zero.
Écris combien **de dizaines** et **d'unités**.

6. _____ est la même chose que

    ___ dizaines et ___ unités.

7. _____ est la même chose que

    ___ dizaines et ___ unités.

8. _____ est la même chose que

    ___ unités et ___ dizaines.

Dessine les cercles en dizaines et en unités. Combien de **dizaines** et **d'unités** ?

9. _____ est la même chose que

    ___ dizaines et ___ unités.

   (1 | 6)

10.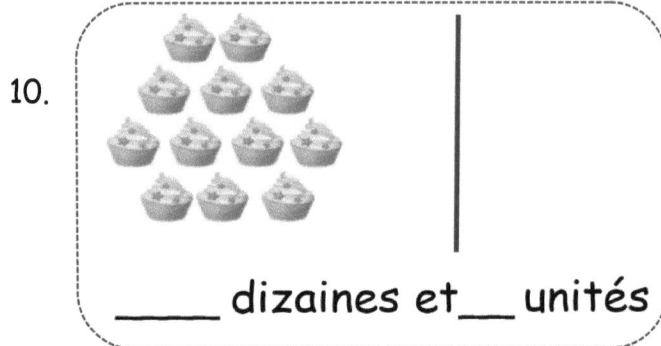

____ dizaines et ___ unités   ____ dizaines et ___ unités

Nom _____ Date _____

Fais correspondre les images des dizaines et d'unités avec les cartes Hide Zero. Combien de dizaines et d'unités ?

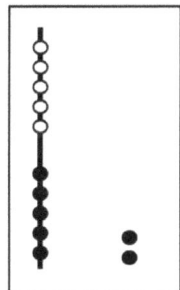 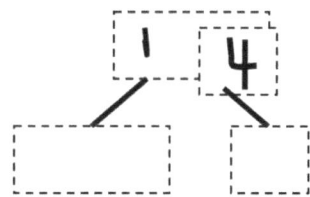 est la même chose que

___ dizaines et ___ unités.

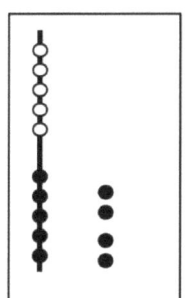 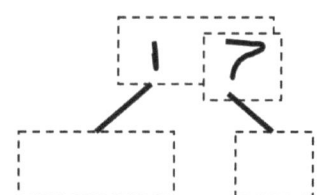 est la même chose que

___ dizaines et ___ unités.

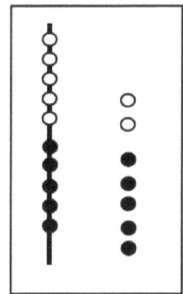 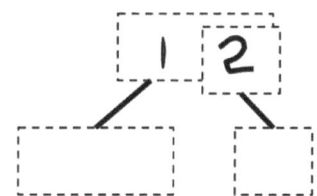 est la même chose que

___ dizaines et ___ unités.

Lis

Ruben rangeait ses 14 petites voitures. Il a rempli son porte-voiture et il lui restait 4 voitures qui ne pouvaient pas rentrer. Combien de voitures tiennent dans son porte-voiture ?

Dessine

Écris

_____

_____

_____

Nom _____ Date _____

Résous les problèmes. Écris tes réponses pour montrer le nombre de **dizaines** et **d'unités**. S'il n'y a qu'un dix, raie le « s ».

Ajoute.

1. 12 + 6 = ☐☐

   ___ des dizaines et ___ unités

2. 5 + 13 = ☐☐

   ___ des dizaines et ___ unités

3. 8 + 7 = ☐☐

   ___ des dizaines et ___ unités

4. ☐☐ = 8 + 12

   ___ des dizaines et ___ unités

Soustrais.

5. 17 - 4 = ☐☐

   ___ des dizaines et ___ unités

6. 17 - 5 = ☐☐

   ___ des dizaines et ___ unités

7. 14 - 6 = ☐☐

   ___ des dizaines et ___ unités

8. ☐☐ = 16 - 7

   ___ des dizaines et ___ unités

Leçon 27 : Résous les problèmes d'addition et de soustraction de décomposition et de composition des nombres de dix à dix-neuf en 1 dizaine et quelques unités.

UNE HISTOIRE D'UNITÉS Leçon 27 Série de problèmes 1•2

Lis le problème de mots. <u>D</u>essine et étiquette. <u>É</u>cris une phrase et une légende de nombre qui correspondent à l'histoire. Réécris ta réponse pour afficher ses dizaines et ses unités. S'il y a seulement 1 dix ou 1 un, raie le « s ».

9. Frankie et Maya ont fait 4 grands châteaux de sable sur la plage. S'ils ont fait 10 petits châteaux de sable, combien de châteaux de sable au total ont-ils faits ?

_____ dizaines et _____ unités

10. Ronnie a 8 autocollants qui sont des étoiles. Son amie Sina lui en donne 7 de plus. Combien d'autocollants possède Ronnie maintenant ?

_____ dizaines et _____ unités

11. Nous avons attaché 14 ballons aux tables pour une fête, mais 3 se sont envolés ! Combien de ballons étaient encore attachés aux tables ?

_____ dizaines et _____ unités

12. J'ai mangé 5 des 16 fraises que j'ai cueillies. Combien m'en reste-il ?

_____ dizaines et _____ unités

UNE HISTOIRE D'UNITÉS   Lesson 27 Ticket de sortie   1•2

Nom _____   Date _____

Résous les problèmes. Écris les réponses pour montrer combien de dizaines et d'unités. S'il n'y a qu'un seul dix, raie le « s ».

1.
13 + 6 = ☐☐

____ dizaines et ____ unités

2.
7 + 6 = ☐☐

____ dizaines et ____ unités

Lis le problème de mots. Dessine et étiquette. Écris une phrase numérique et une légende qui correspondent à l'histoire. Réécris ta réponse pour afficher ses dizaines et ses unités.

3. Kendrick est allé au bowling. Il a fait tomber 16 quilles dans les deux premiers carreaux. S'il en a fait tomber 9 dans le premier carreau, combien de quilles a-t-il fait tomber dans le second carreau?

____ dizaines et ____ unités

Lis

Ruben a 7 voitures bleues et 6 voitures rouges. Si Ruben place toutes les voitures bleues dans son porte-voiture qui transporte 10 voitures, combien de voitures rouges pourront y entrer et combien seront laissées en dehors du porte-voiture ?

Dessine

Écris

Nom _____ Date _____

Résous les problèmes. Montre ta solution en deux étapes :

Étape 1 : Écris une phrase numérique pour en faire dix.
Étape 2 : Écris une phrase numérique pour additionner à dix.

$9 + 4 = \boxed{1}\,\boxed{3}$

$9 + 1 = 10$
$10 + 3 = 13$

1. $9 + 5 = \square\,\square$

___ + ___ = ___

___ + ___ = ___

2. $8 + 6 = \square\,\square$

___ + ___ = ___

___ + ___ = ___

Résoudre. Ensuite, écris une légende pour montrer ta réponse.

3. Su-Hean a monté un collage avec 9 images. Adele a monté un autre collage avec 6 images. Combien d'images ont-ils utilisées ?

___ + ___ = ___

___ + ___ = ___

4. Imran a 8 crayons dans sa trousse et 7 crayons dans son bureau. Combien de crayons Imran a-t-il au total ?

___ + ___ = ___

___ + ___ = ___

Leçon 28 : Résous les problèmes d'addition en utilisant dix comme unité et écris des solutions à deux étapes.

5. Au parc, il y avait 4 canards en train de nager dans l'étang. S'il y avait 9 canards en train de se reposer sur l'herbe, combien de canards étaient au parc en tout ?

_____ + _____ = _____

_____ + _____ = _____

6. Cece a fait 7 biscuits glacés et 8 biscuits avec des décorations multicolores. Combien de biscuits a préparés Cece ?

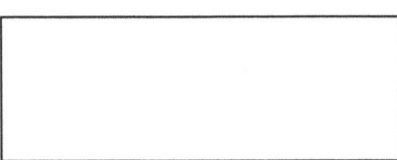

7. Payton a lu 8 livres sur les dauphins et les baleines. Elle a lu 9 livres sur les chiens et les chats. Combien de livres a-t-elle lus sur les animaux au total ?

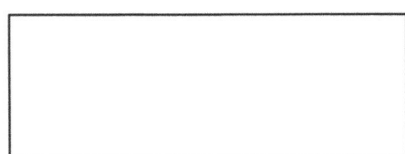

UNE HISTOIRE D'UNITÉS **Leçon 28 Ticket de sortie 1•2**

Nom _____ Date _____

Résous les problèmes. Écris tes réponses pour montrer combien de **dizaines** et **d'unités**.

$9 + 7 = \boxed{1\ 6}$

$9 + 1 = 10$
$10 + 6 = 16$

1. $9 + 4 = \boxed{}$

  ___ + ___ = ___

  ___ + ___ = ___

2. $8 + 7 = \boxed{}$

  ___ + ___ = ___

  ___ + ___ = ___

Leçon 28 : Résous les problèmes d'addition en utilisant dix comme unité et écris des solutions à deux étapes.

Lire

Hae Jung avait 13 marqueurs et elle en a donnés certains à Lily. Si Hae Jung avait alors 5 marqueurs, combien de marqueurs a-t-elle donnés à Lily?

Dessine

Écris

Nom _____ Date _____

Résous les problèmes. Écris tes réponses pour montrer combien **de dizaines** et **d'unités**. Montre ta solution en deux étapes:

Étape 1: Écris une phrase numérique à soustraire de dix.
Étape 2: Écris une phrase numérique pour ajouter les parties restantes.

```
 1   2  - 4 = 8
10 - 4 = 6
6 + 2 = 8
```

1. ` 1   4 ` - 5 = ___

    ___ - ___ = ___

    ___ + ___ = ___

2. ` 1   3 ` - 8 = ___

    ___ - ___ = ___

    ___ + ___ = ___

3. Tatyana comptait 14 grenouilles. Elle en a compté 8 en train de nager dans l'étang et le reste sur des nénuphars. Combien de grenouilles comptait-elle sur des nénuphars?

    14 - 8 = ___

    ___ - ___ = ___

    ___ + ___ = ___

4. Cette semaine, Maria a mangé 5 prunes jaunes et quelques prunes rouges. Si elle a mangé 11 prunes en tout, combien de prunes rouges Maria a-t-elle mangées?

    ___ - ___ = ___

    ___ + ___ = ___

UNE HISTOIRE D'UNITÉS **Leçon 29 Problème d'application** 1•2

5. Certains enfants jouent au loup sur le terrain de jeu. Huit sont sur les balançoires. S'il y a 16 enfants sur le terrain de jeu en tout, combien d'enfants jouent au loup?

____ - ____ = ____

____ + ____ = ____

6. Oziah a lu des livres de non-fiction. Ensuite, il a lu 6 livres de fiction. S'il lisait au total 18 livres, combien de livres de non-fiction Oziah avait-il lus?

7. Hadley a 9 boutons sur sa veste. Elle a encore plus de boutons sur sa chemise. Hadley a un total de 17 boutons sur sa veste et sa chemise. Combien de boutons a-t-elle sur sa chemise?

UNE HISTOIRE D'UNITÉS   Leçon 29 Ticket de sortie   1•2

Nom _____   Date _____

Résous les problèmes. Écris tes réponses pour montrer combien de **dizaines** et d'**unités**.

| 1 | 2 | - 5 = 7 |
10 - 5 = 5
5 + 2 = 7

1. | 1 | 5 | - 6 = ____

2. | 1 | 4 | - 8 = ____

____ - ____ = ____

____ - ____ = ____

____ + ____ = ____

____ + ____ = ____

Leçon 29 : Résous les problèmes de soustraction en utilisant dix comme unité et écris des solutions à deux étapes.

CP Module 3

Lis

Nigel et Corey reçoivent tous les deux un nouveau crayon de la même longueur. Corey utilise tellement son crayon qu'il doit le tailler plusieurs fois. Nigel n'utilise pas du tout le sien. Nigel et Corey comparent leurs crayons. Qui a le crayon le plus long ? Dessine une image pour montrer ta pensée.

Dessine

Leçon 1 : Comparer directement la longueur et considérer l'importance de l'alignement des points terminaux.

Écris

_____

_____

_____

Nom _____ Date _____

Écris les mots **plus long que** ou **moins long que** pour rendre les phrases correctes.

1.

Abby est _____ Spot.

2.

B est _____ A.

3.

Le chapeau avec le drapeau américain

est _____

la toque de cuisinier.

4.

La portée de la batte de base-ball la plus sombre

est _____

celle de la batte de base-ball claire.

5.

La guitare B est

_____

la guitare A.

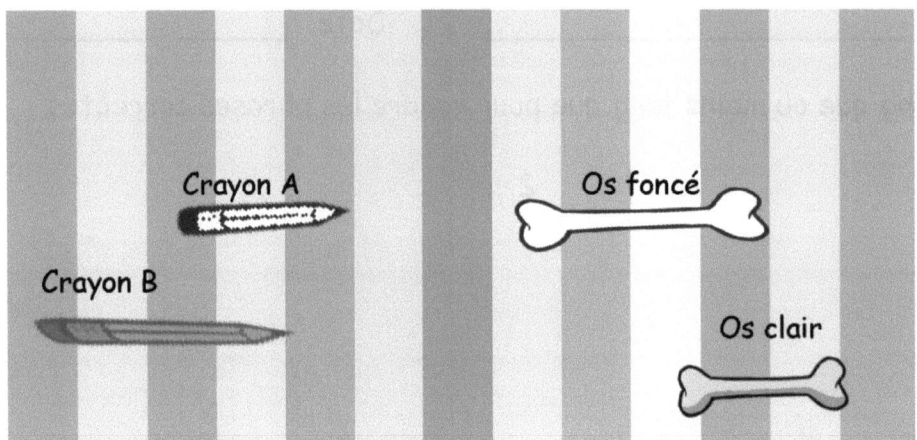

6. Le crayon B est _____ le crayon A.

7. L'os foncé est _____ l'os clair.

8. Entoure vrai ou faux.
   L'os léger est plus court que le crayon A. **Vrai** ou **Faux**

---

9. Trouve 3 fournitures scolaires. Dessine-les ici dans l'ordre de **la plus courte** à **la plus longue**. Étiquette chaque fourniture scolaire.

UNE HISTOIRE D'UNITÉS — Leçon 1 Ticket de sortie 1•3

Nom _____ Date _____

Écris les mots **plus long que** ou **moins long que** pour rendre la phrase correcte.

A

B

La chaussure A est _____ la chaussure B.

Leçon 1 : Comparer directement la longueur et considérer l'importance de l'alignement des points terminaux.

Lis

Jordan a trois animaux en peluche : une girafe, un ours et un singe. La girafe est plus grande que le singe. L'ours est plus petit que le singe. Dessine les animaux du plus petit au plus grand pour montrer la taille de chaque animal.

Dessine

UNE HISTOIRE D'UNITÉS Leçon 2 Problème d'application 1•3

Écris

Nom _____ Date _____

1. Utilise la bande de papier fournie par ton professeur pour mesurer chaque **image**. Encercle les mots dont tu as besoin pour rendre la phrase correcte. Ensuite, remplis le blanc.

La batte de base-ball est | ...plus long que...
 plus court que...
 de la même longueur que... | la bandelette de papier.

Le livre est | ...plus long que...
 plus court que...
 de la même longueur que... | la bandelette de papier.

La **batte de base-ball** est _____ le livre.

2. Complète les phrases avec **plus long que, plus court que** ou **la même longueur que** pour rendre les phrases correctes.

a.

Le **tube** est _____ la **tasse**.

b.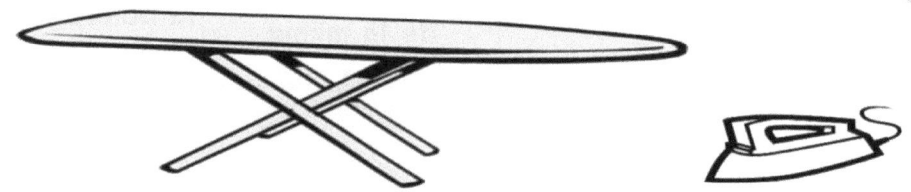

Le **fer à repasser** est _____ la **planche à repasser**.

Utilise les mesures des problèmes 1 et 2. Encercle le mot qui rend les phrases correctes.

3. La batte de baseball est (**plus longue/plus courte**) que la tasse.

4. La tasse est (**plus longue/plus courte**) que la planche à repasser.

5. La planche à repasser est (**plus longue/plus courte**) que le livre.

6. Classe ces objets du plus court au plus long :

    tasse, tube et bande de papier

_____ _____ _____

Dessine une image pour t'aider à compléter les relevés de mesure. Encercle les mots qui rendent chaque déclaration vraie.

7. Sammy est plus grande que Dion.
   Janell est plus grande que Sammy.
   Dion est **(plus grand/plus petit que)** Janell.

8. Le collier de Laura est plus long que celui de Mihal.
   Le collier de Laura est plus court que celui de Sarai.
   Le collier de Sarai est **(plus long/plus court que)** celui de Mihal.

Nom _____   Date _____

Dessine une image pour t'aider à compléter les relevés de mesure. Encercle les mots qui rendent chaque déclaration vraie.

La poupée de Tanya est plus petite que celle d'Aline.
La poupée de Mira est plus grande que celle d'Aline.
La poupée de Tanya est (**plus grande/plus petite que**) la poupée de Mira.

Si _____ est plus long
　　　(objet de la classe)
que mon pied et

_____ est plus court que
(objet de la classe)
mon pied, alors

_____ est plus long que
(objet de la classe)

_____.
(objet de la classe)

Mon pied est à peu près de la même longueur que _____.
　　　　　　　　　　　　　　　　　　　　　(objet de la classe)

_____
déclarations de comparaison indirecte

Lis

Fais un dessin qui correspond à ces deux phrases :

Le livre est plus long que le marque-page. Le livre est plus petit que le classeur.

Lequel est le plus long, le marque-page ou le classeur ? Écris une phrase pour comparer les deux objets. Utilise tes dessins pour t'aider à répondre à la question.

Dessine

UNE HISTOIRE D'UNITÉS

Leçon 3 Problème d'application 1•3

Écris

_____

_____

_____

Leçon 3 : Classer trois longueurs en utilisant une comparaison indirecte.

Nom _____ Date _____

1. Dans la salle de jeux, Lu Lu a coupé un bout de ficelle qui mesurait la même distance que celle entre la maison de poupée et le parc. Elle a pris la même ficelle et a essayé de mesurer la distance entre le parc et le magasin, mais sa ficelle était trop courte !

   Quel est le chemin le plus long ? Entoure la bonne réponse.

   de la maison de poupée au parc

   du parc au magasin

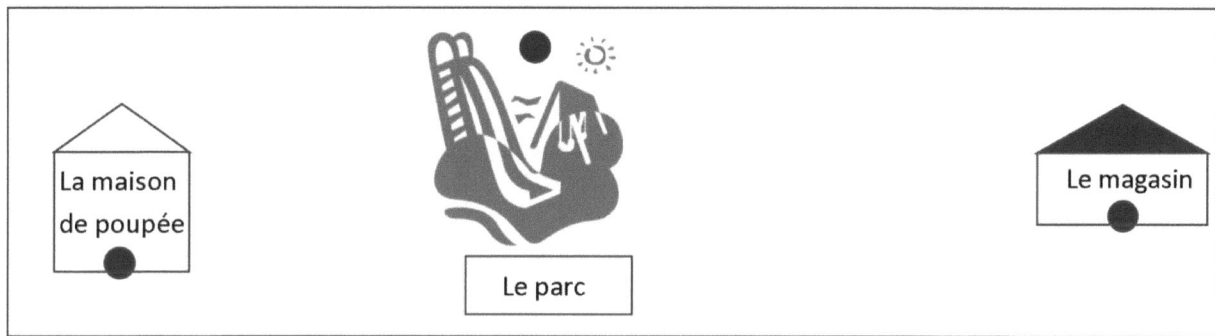

Utilise l'image pour répondre aux questions sur les rectangles.

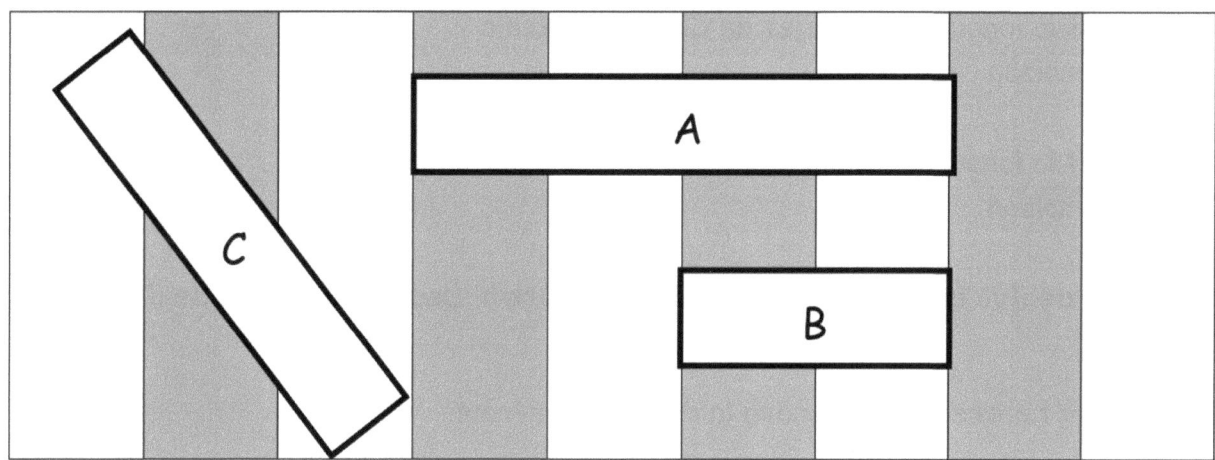

2. Quel est le rectangle le plus court ? _____

3. Si le rectangle A est plus long que le rectangle C, le rectangle le plus long est le _____.

4. Classe les rectangles du plus court au plus long :

   _____   _____   _____

Utilise l'image pour répondre aux questions sur les trajets des élèves vers l'école.

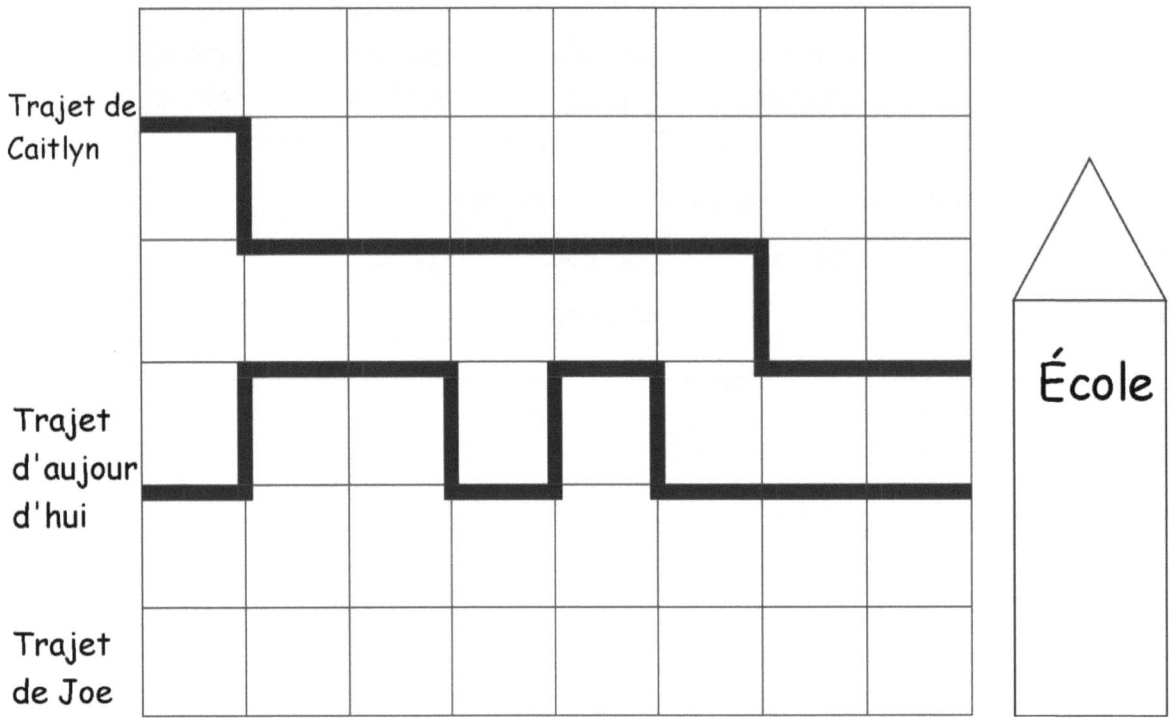

5. Quelle est la longueur du trajet de Caitlyn à l'école ? _____ pâtés de maison

6. Quelle est la longueur du trajet de Toby à l'école ? _____ pâtés de maison

7. Le trajet de Joe est plus court que celui de Caitlyn. Dessine le trajet de Joe.

Encercle le mot correct pour rendre la déclaration vraie.

8. Le trajet de Toby est **plus long/plus court** que celui de Joe.

9. Qui a pris le trajet le plus court pour aller à l'école ? _____

10. Classe les trajets du plus court au plus long.

_____   _____   _____

Nom _____ Date _____

Utilise l'image pour répondre aux questions sur le parcours des élèves jusqu'au musée.

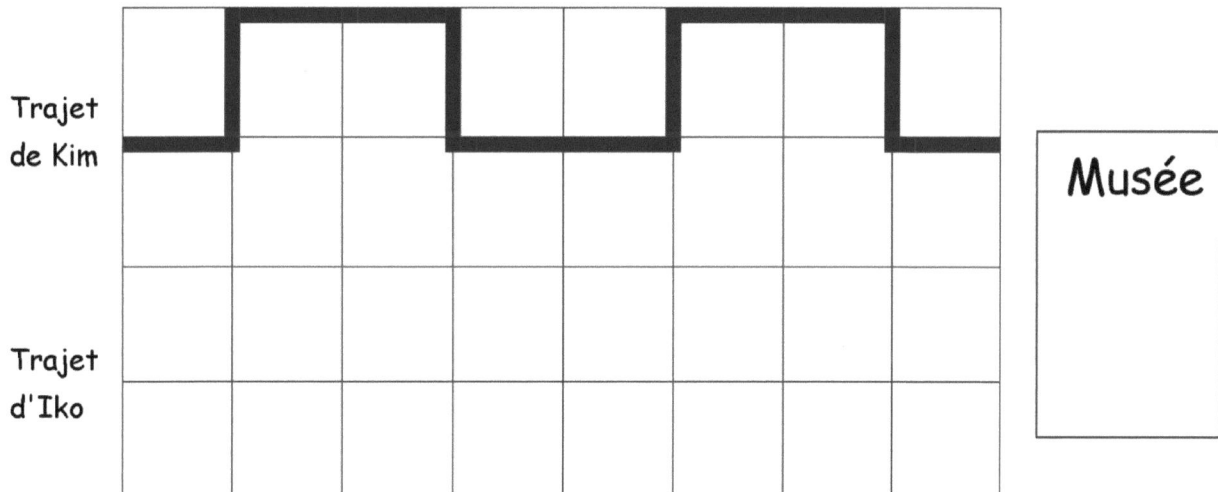

1. Quelle est la longueur du trajet de Kim jusqu'au musée ? _____
   pâtés de maison

2. Le trajet d'Iko est plus court que celui de Kim. Dessine le trajet d'Iko.

Encercle le mot correct pour rendre la déclaration vraie.

3. Le trajet de Kim est **plus long/plus court que** celui d'Iko.

4. Quelle est la longueur du trajet d'Iko pour aller au musée ? _____
   pâtés de maison

UNE HISTOIRE D'UNITÉS

Leçon 3 Modèle 1•3

Maison de Mary

Maison d'Anne

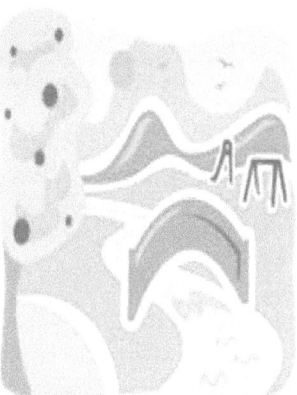

Parc

_____

grille de pâtés de maisons

Leçon 3 : Classer trois longueurs en utilisant une comparaison indirecte.

Lis

Joe a fait passer une ficelle de sa chambre à celle de sa sœur pour mesurer la distance qui les sépare. Lorsqu'il a essayé d'utiliser la même ficelle pour mesurer la distance entre sa chambre et celle de son frère, la ficelle était trop courte ! Quelle chambre était la plus proche de celle de Joe, celle de sa soeur ou celle de son frère ?

Dessine

Écris

UNE HISTOIRE D'UNITÉS   Leçon 4 Série de problèmes   1•3

Nom _____   Date _____

Mesure la longueur de chaque image avec tes cubes centimétriques. Remplis les déclarations ci-dessous.

1. Le crayon fait _____ cubes centimétriques de long.

2. La casserole fait _____ cubes centimétriques de long.

3. La chaussure fait _____ cubes centimétriques de long.

4. La bouteille fait _____ cubes centimétriques de long.

5. Le pinceau fait _____ cubes centimétriques de long.

6. Le sac fait _____ cubes centimétriques de long.

7. La fourmi fait _____ cubes centimétriques de long.

8. Le gâteau fait _____ cubes centimétriques de long.

Leçon 4 : Exprimer la longueur d'un objet en utilisant des cubes centimétriques comme unités de longueur à mesurer, sans espace ni chevauchement.

9.

Le sticker de la vache fait _____ cubes centimétriques de long.

10.

Le vase fait _____ cubes centimétriques de long.

11. Entoure l'image qui montre la bonne façon de mesurer.

A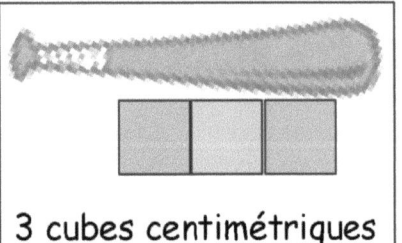

B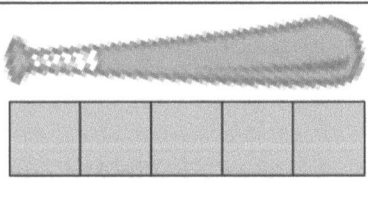

12. Comment peux-tu fixer l'image qui montre une mesure fausse ?

_____

_____

Nom _____ Date _____

1.

Le cadre fait environ _____ cubes centimétriques de long.

2.

La *béquille* du garçon fait environ _____ cubes centimétriques de long.

Nom _____   Date _____

Longueur en cubes centimétriques	Objets de la salle de classe
bâton de colle	_____ cubes centimétriques de long
effaceur	_____ cubes centimétriques de long
bâtonnet	_____ cubes centimétriques de long
trombone	_____ cubes centimétriques de long
	_____ cubes centimétriques de long
	_____ cubes centimétriques de long
	_____ cubes centimétriques de long

feuille d'enregistrement des mesures

Lis

Amy a utilisé des cubes centimétriques pour mesurer la longueur de son livre. Elle a utilisé 8 cubes centimétriques jaunes et 4 cubes centimétriques rouges. Combien de cubes centimétriques faisait son livre ?

Dessine

UNE HISTOIRE D'UNITÉS

Leçon 5 Problème d'application 1•3

Écris

_____

_____

_____

Leçon 5 : Renommer et mesurer avec des cubes centimétriques, en utilisant les centimètres comme unité standard.

Nom _____ Date _____

1. Entoure le ou les objets qui sont correctement mesurés.

   a.

   3 centimètres de long

   b.

   5 centimètres de long

   c.

   4 centimètres de long

2. Mesure le trombone dans 1(b) avec tes cubes. Ensuite, vérifie la longueur des cubes avec ta règle centimétrique.

   Le trombone fait _____ cubes centimétriques de long.

   Le trombone fait _____ cubes centimétriques de long.

   Soyez prêt à expliquer pourquoi ils sont identiques ou différents pendant le débriefing !

3. Utilise tes cubes centimétriques pour mesurer la longueur de chaque image de gauche à droite. Termine les phrases sur la longueur de chaque image en centimètres.

   a. L'image du hamburger mesure _____ centimètres de long.

   b. L'image du hot dog mesure _____ centimètres de long.

   c. L'image du pain mesure _____ centimètres de long.

4. Utilise les cubes centimétriques pour mesurer les objets ci-dessous. Indique la longueur de chaque objet.

a.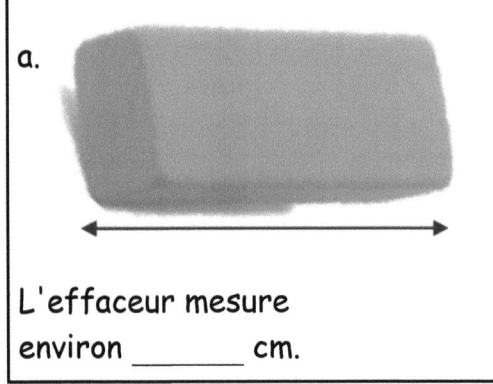

L'effaceur mesure environ _____ cm.

b.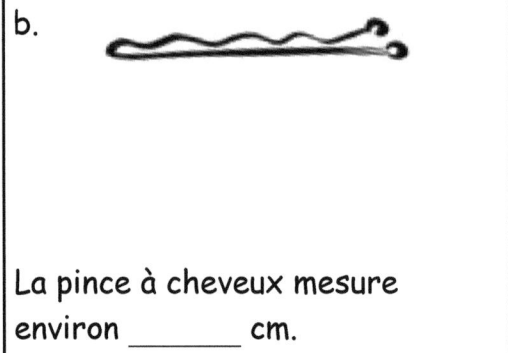

La pince à cheveux mesure environ _____ cm.

c.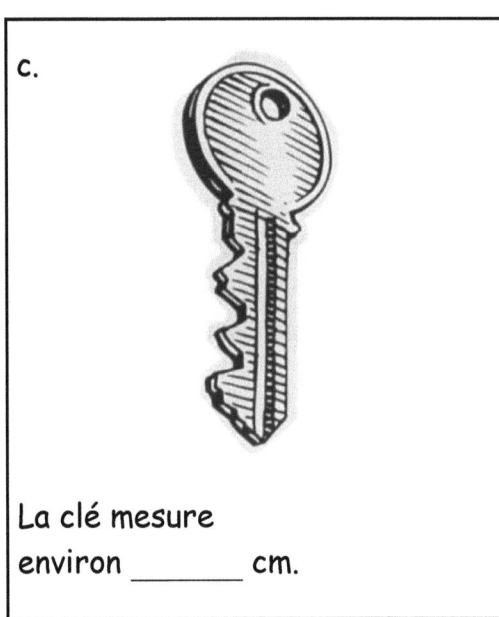

La clé mesure environ _____ cm.

d.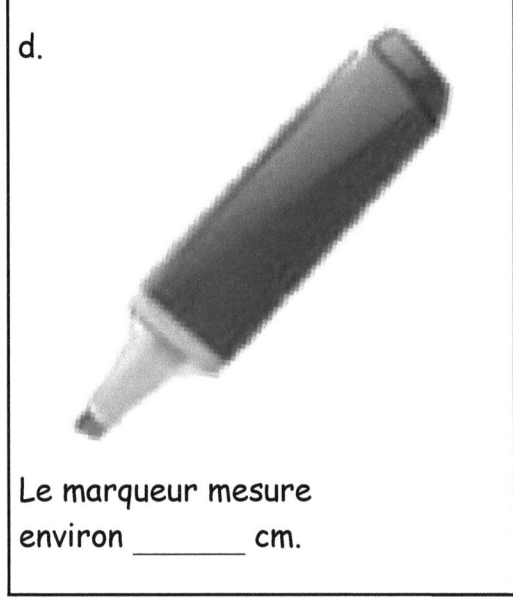

Le marqueur mesure environ _____ cm.

5. La gomme est plus longue que le/la _____, mais elle est plus courte que le/la _____.

6. Entoure l'expression qui rend la phrase correcte.

Si le trombone est plus court que la clé, alors le marqueur est **plus long/plus court** que le trombone.

UNE HISTOIRE D'UNITÉS — Leçon 5 Ticket de sortie

Nom _____ Date _____

Utilise les cubes centimétriques pour mesurer les objets. Complète les phrases.

1. La bouteille d'eau fait environ _____ centimètres de haut.

2. Le melon fait environ _____ centimètres de haut.

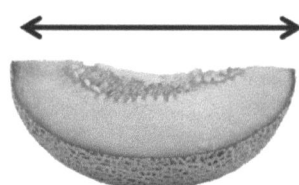

3. Le tournevis fait environ _____ centimètres de haut.

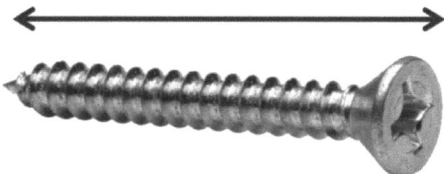

4. Le parapluie fait environ _____ centimètres de haut.

Leçon 5 : Renommer et mesurer avec des cubes centimétriques, en utilisant les centimètres comme unité standard.

Leçon 6 Problème d'application 1•3

Lis

La sucette de Julie fait environ 15 centimètres de haut. Elle a mesuré la sucette avec 9 cubes centimétriques rouges plus des cubes centimétriques bleus. Combien de cubes centimétriques bleus a-t-elle utilisés ? N'oublie pas d'utiliser le processus Lire-Dessiner-Écrire (LDE).

Dessine

Écris
___
___
___

Nom _____   Date _____

1. Classe les insectes du plus long au plus court en écrivant les noms des insectes sur les lignes. Utilise des centimètres cubes pour vérifier ta réponse. Écris la longueur de chaque insecte dans l'espace à droite des images.

   Les insectes du plus long au plus court sont

   _____   _____   _____

   Mouche

   ___ centimètres

   Chenille

   ___ centimètres

   Abeille

   ___ centimètres

2. Classe les objets ci-dessous du plus court au plus long en utilisant les chiffres 1, 2 et 3. Utilise tes cubes centimétriques pour vérifier tes réponses, puis complète les phrases des problèmes d, e, f et g.

   a. La machine à bruit : _____

   b. Le ballon : _____

   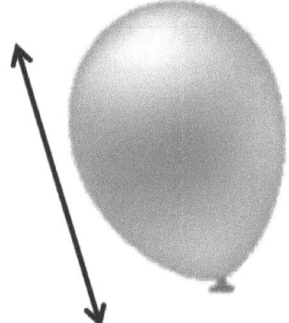

   c. Le cadeau : _____

   d. Le cadeau fait environ _____ centimètres de long.

   e. La machine à bruit fait environ _____ centimètres de long.

   f. Le ballon fait environ _____ centimètres de long.

   g. La machine à bruit fait environ _____ centimètres de plus que le cadeau.

Utilise tes cubes centimétriques pour modéliser chaque longueur et répondre à la question. Écris une phrase pour ta réponse :

3. Le T. rex en plastique de Peter fait 11 centimètres de haut, et son Velociraptor fait 6 centimètres. Combien de cm de plus le T. rex est-il plus grand que le Velociraptor ?

4. Le crayon de Miguel a roulé sur 17 centimètres, et celui de Sonya sur 9 centimètres. Combien le crayon de Sonya a-t-il roulé de moins que celui de Miguel ?

5. Tania fabrique une tour cubique de 3 centimètres de plus que la tour de Vince. Si la tour de Vince mesure 9 centimètres de haut, quelle est la hauteur de la tour de Tania ?

Nom _____ Date _____

Lis les mesures des images des outils.

La clé fait 8 centimètres de long.

Le tournevis fait 12 centimètres de long.

Le marteau mesure 9 centimètres de long.

1. Classe les images des outils du plus court au plus long.

   _____   _____   _____

2. Combien de cm de plus le tournevis mesure-t-il par rapport à la clé ?

   Le tournevis fait _____ de plus que la clé.

Lis

Lorsque Corey mesure son nouveau crayon, il utilise 19 cubes centimétriques. Après avoir taillé le crayon, il a besoin de 4 cubes centimétriques de moins. Quelle est la taille du crayon de Corey après qu'il l'ait taillé ? Utilise tes cubes centimétriques pour résoudre le problème. Écris ta réponse sous la forme d'une formule mathématique et d'une phrase.

Dessine

Écris

UNE HISTOIRE D'UNITÉS   Leçon 7 Série de problèmes   1•3

Nom _____ Date _____

1. Mesure la longueur de chaque objet avec de **GRANDS** trombones. Remplis le tableau avec tes mesures.

Nom de l'objet	Nombre de grands trombones
a. bouteille	
b. chenille	
c. Clé	
d. Stylo	
e. Le sticker en forme de vache	
f. Papier pour ensemble de problèmes ↕	
g. lecture d'un livre (de la classe)	

Vache

Leçon 7 : Mesurer simultanément les mêmes objets du thème B avec différentes unités non standard pour voir la nécessité de mesurer avec une unité cohérente.

2. Mesure la longueur de chaque objet à l'aide de **PETITS** trombones. Remplis le tableau avec tes mesures.

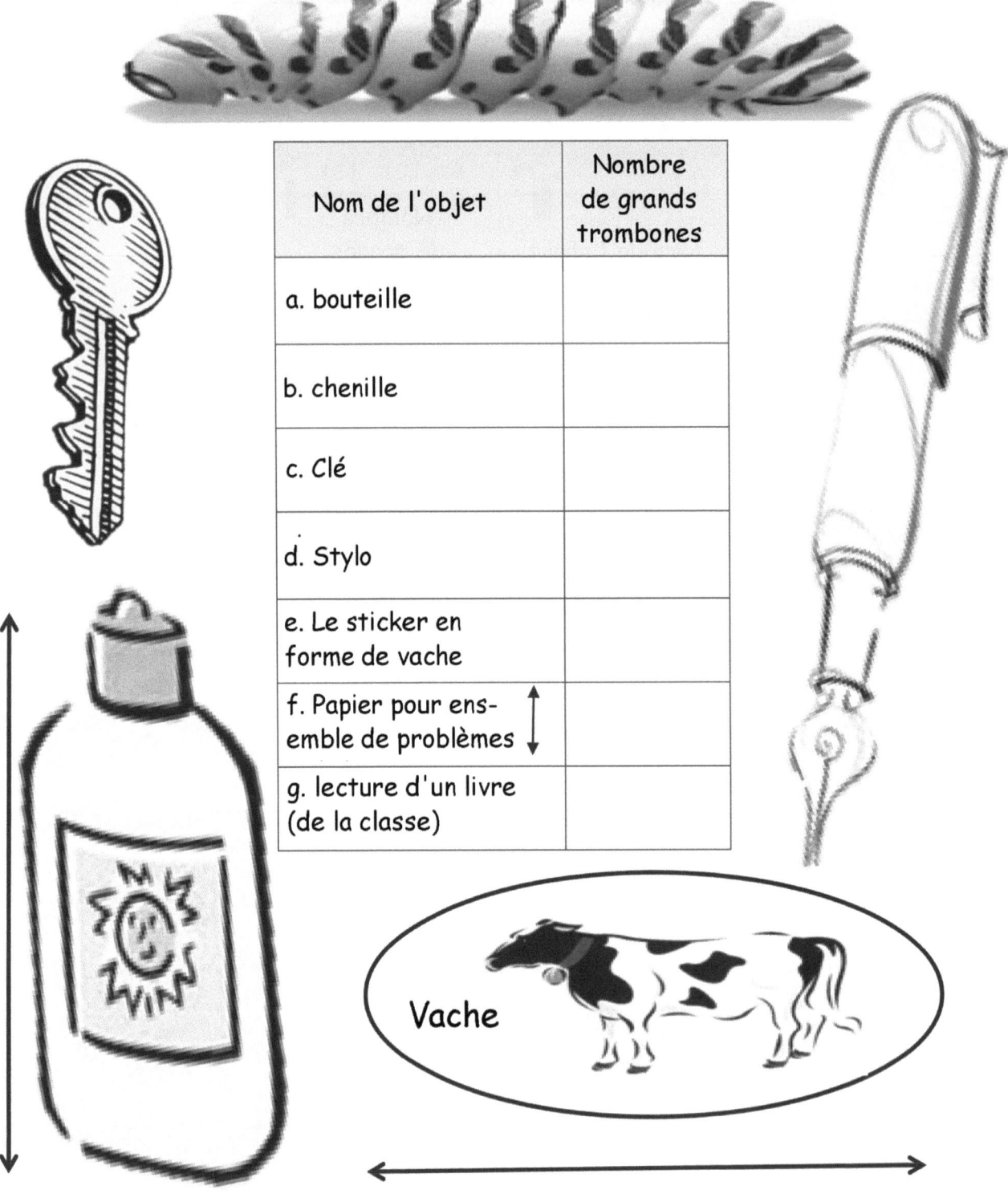

Nom de l'objet	Nombre de grands trombones
a. bouteille	
b. chenille	
c. Clé	
d. Stylo	
e. Le sticker en forme de vache	
f. Papier pour ensemble de problèmes	
g. lecture d'un livre (de la classe)	

| UNE HISTOIRE D'UNITÉS | | Leçon 7 Ticket de sortie | 1•3 |

Nom _____   Date _____

Mesure la longueur de chaque objet avec de **grands** trombones. Ensuite, mesure la longueur de chaque objet à l'aide de **petits** trombones. Remplis le tableau avec tes mesures.

Nom de l'objet	Nombre de grands trombones	Nombre de petits trombones
a. nœud		
b. bougie		
c. vase et fleurs		

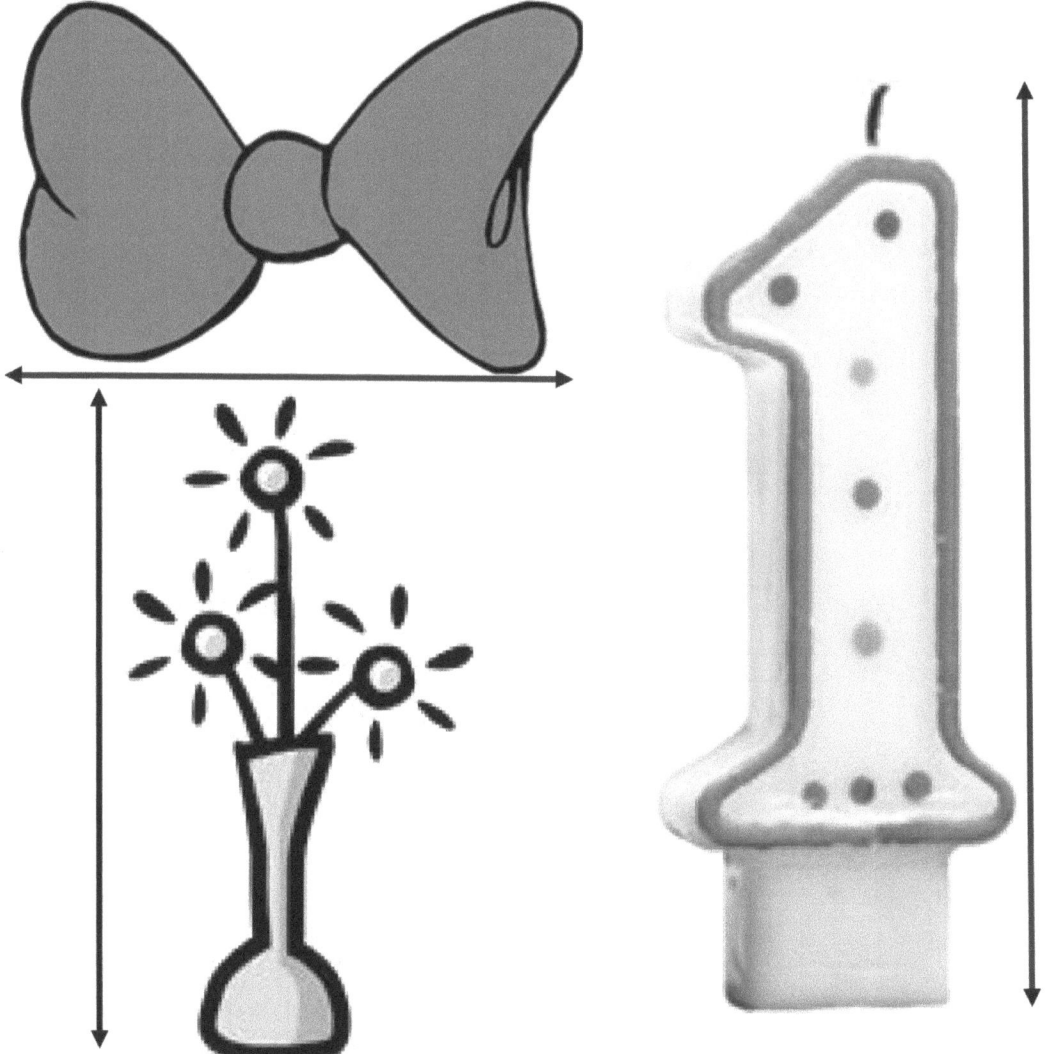

Leçon 7 : Mesurer simultanément les mêmes objets du thème B avec différentes unités non standard pour voir la nécessité de mesurer avec une unité cohérente.

Lis

J'ai deux crayons. Chaque crayon fait 9 cubes centimétriques de long. J'ai aussi un pinceau. Le pinceau est de la même longueur que 2 crayons. Combien de cubes centimétriques le pinceau mesure-t-il ? Utilise tes cubes centimétriques pour résoudre le problème. Écris ta réponse sous la forme d'une formule mathématique et d'une phrase.

Dessine

UNE HISTOIRE D'UNITÉS

Leçon 8 Problème d'application 1•3

Écris

_____

_____

_____

Nom _____ Date _____

Entoure l'unité de longueur que tu utiliseras pour mesurer. Utilise la même unité de longueur pour tous les objets.

Petits trombones

Grands trombones

Cure-dents

Cubes centimétriques

Mesure chaque objet répertorié sur le graphique et enregistre cette mesure. Ajoute les noms d'autres objets dans la classe et enregistre leurs mesures.

Objets de la classe	Mesure
a. bâton de colle	
b. marqueur effaçable à sec	
c. crayon non taillé	
d. tableau blanc personnel	
e.	
f.	
g.	

UNE HISTOIRE D'UNITÉS   Leçon 8 Ticket de sortie 1•3

Nom _____   Date _____

Entoure l'unité de longueur que tu utiliseras pour mesurer. Utilise la même unité de longueur pour tous les objets.

Petits trombones

Grands trombones

Cure-dents

Cubes centimétriques

Choisis deux objets sur ton bureau que tu aimerais mesurer. Mesure chaque objet et enregistre la mesure.

Objets de la classe	Mesure
a.	
b.	

Leçon 8 : Comprendre la nécessité d'utiliser les mêmes unités lors de la comparaison des mesures avec d'autres.

Lis

Corey achète un crayon super cool et extra-long de 14 centimètres de long. Son crayon habituel mesure 9 centimètres de long. Utilise tes cubes centimétriques pour savoir de combien de centimètres le nouveau crayon de Corey est plus long que son crayon habituel.

Écris ta réponse sous la forme d'une phrase. Écris une phrase numérique pour expliquer ce que tu as fait.

Dessine

Écris

Nom _____   Date _____

1. Regarde l'image ci-dessous. De combien de cm la guitare A est-elle **plus longue que** la guitare B ?

La guitare A est **plus longue de** _____ unité(s) que la guitare B.

2. Mesure chaque objet avec des cubes centimétriques.

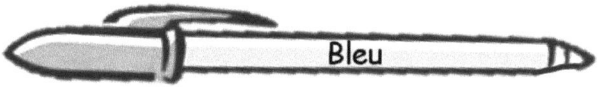

Le stylo bleu mesure_____ _____.

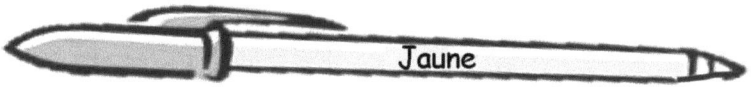

Le stylo jaune mesure _____ _____.

3. Combien de centimètres le stylo jaune est-il **plus long que** le stylo bleu ?

   Le stylo jaune est _____ centimètres **plus long que** le stylo bleu.

4. Combien de centimètres le stylo bleue est-il **plus court que** le stylo bleu ?

   Le stylo bleu est _____ centimètres **plus court que** le stylo jaune.

Utilise tes cubes centimétriques pour modéliser chaque problème. Ensuite, résous en dessinant une image de ton modèle et en écrivant une phrase numérique et une déclaration.

5. Austin veut fabriquer un train de 13 cubes centimétriques. Si son train mesure déjà 9 cubes centimétriques de longueur, de combien de cubes **de plus** a-t-il besoin ?

6. Le bateau de Kea fait 12 centimètres de long, et celui de Megan 8 centimètres. De combien le bateau de Megan est-il **plus court que** celui de Kea ?

7. Kim coupe un morceau de ruban de 14 centimètres de long pour sa mère. Sa mère lui dit que le ruban est 8 centimètres trop long. Quelle doit être la **longueur** du ruban ?

8. La queue du chien de Lee mesure 15 centimètres de long. Si la queue du chien de Kit mesure 9 centimètres de long, de combien la queue du chien de Lee est-elle **plus longue que** celle du chien de Kit ?

UNE HISTOIRE D'UNITÉS   Leçon 9 Ticket de sortie 1•3

Nom _____   Date _____

Utilise tes cubes centimétriques pour modéliser le problème. Ensuite, fais un dessin de ton modèle.

Les cheveux de Mona ont poussé de 7 centimètres. Les cheveux de Claire ont poussé de 15 centimètres. De combien de centimètres **de moins** les cheveux de Mona ont-ils poussé par rapport à ceux de Claire ?

Leçon 9 :   Répondre aux problèmes de *comparaison avec une différence inconnue* sur les longueurs de deux objets différents mesurés en centimètres.

Lis

Il y avait 14 objets à mesurer sur la table. J'en ai déjà mesuré 5.

Combien d'objets me reste-t-il à mesurer ?

Dessine

Écris

Il me reste ▭ objets à mesurer.

Nom _____ Date _____

Un groupe de personnes a été invitées à dire leur couleurs préférées. Organise les données à l'aide des marques de pointage et répons aux questions.

Rouge	
Vert	
Bleu	

1. Combien de personnes ont choisi le rouge comme couleur préférée ? _____ personnes aiment le rouge.

2. Combien de personnes ont choisi le bleu comme couleur préférée ? _____ personnes aiment le bleu.

3. Combien de personnes ont choisi le vert comme couleur préférée ? _____ personnes aiment le vert.

4. Quelle couleur a reçu le moins de votes ? _____

5. Écris une phrase numérique qui donne le nombre total de personnes à qui l'on a demandé leur couleur préférée.

Nom _____   Date _____

On a demandé à un groupe d'élèves ce qu'ils avaient mangé au déjeuner. Utilise les données ci-dessous pour répondre aux questions suivantes.

Déjeuners des élèves

Déjeuners	Nombre d'élèves
sandwich	3
salade	5
pizza	4

1. Quel est le nombre **total** d'élèves qui ont mangé de la pizza ? _____ élève(s)

2. Quel type de déjeuner a été consommé par le **plus grand** nombre d'élèves ? _____

3. Quel est le nombre total d'élèves qui ont mangé une pizza ou un sandwich ?

   _____ élève(s)

4. Écris une phrase de plus pour indiquer le nombre **total** d'élèves à qui l'on a demandé ce qu'ils avaient mangé au déjeuner.

   _____

Lis

Larry a demandé à ses amis quel animal est le plus intelligent : le chien ou le chat. 9 de ses amis pensent que les chiens sont plus intelligents, et 6 pensent que les chats sont plus intelligents. Fais un tableau pour montrer la collecte de données de Larry. À combien de personnes a-t-il posé la question ?

Dessine

Écris

Nom _____ Date _____

Bienvenue à la Journée des données ! Suis les instructions pour **recueillir** et **organiser** les données. Ensuite, **pose des questions** sur les données et **réponds à des questions** sur les données.

- Choisis une question. Entoure ton choix.
- Choisis 3 choix de réponses possibles.
- Pose la question à tes camarades de classe, et montre-leur les 3 choix. Note les données sur une liste de classe.
- Organise les données dans le tableau ci-dessous.

Quel fruit préfères-tu ?	Quel en-cas préférez-vous ?	Qu'est-ce que tu aimes le plus faire dans la cour de récréation ?	Quelle est la matière que tu préfères ?	Quel animal aimerais-tu être ?

Choix de réponses	Nombre d'élèves

Leçon 11 : Recueillir, trier et organiser les données ; puis poser et répondre aux questions sur le nombre de points de données.

- Remplis les cadres de phrases de questions pour poser des questions sur tes données.
- Échange ton papier avec un partenaire, et demande à ton partenaire de répondre à tes questions.

1. Combien d'élèves préfèrent _____ ?

2. Quelle catégorie a reçu le moins de votes ? _____

3. Combien d'élèves préfèrent _____ plutôt que _____ ?

4. Quel est le nombre total d'élèves qui préfèrent _____ plutôt que _____ ?

5. Combien d'élèves ont répondu à la question ? Comment le sais-tu ?

Nom _____ Date _____

Une classe a recueilli les informations figurant dans le tableau ci-dessous. Les élèves ont fait un sondage : quel est ton jouet préféré entre les peluches, les petites voitures miniatures ou les blocs de construction ?

Ensuite, ils ont organisé les informations dans ce tableau.

Jouets	Nombre d'élèves
Peluches	11
Petites voitures	5
Blocs de constructions	13

1. Combien d'élèves ont choisi les petites voitures ? _____

2. Combien d'élèves ont choisi les blocs de construction plutôt que les animaux en peluche ? _____

3. Combien d'élèves devraient choisir les petites voitures pour égaler le nombre d'élèves qui ont choisi les blocs de construction ? _____

Lis

Kingston et sa classe sont allés au zoo. Il a recueilli des données sur ses animaux africains préférés. Il a vu 2 lions, 11 gorilles et 7 zèbres.

A quoi pourrait ressembler son tableau ? Écris une question à laquelle ton camarade de classe peut répondre en regardant le tableau.

Dessine

Écris

Nom _____ Date _____

Utilise des carrés sans espace ni chevauchement pour organiser les données de l'image. Aligne soigneusement tes **carrés**.

Parfum de glace préféré   ☐ = 1 élève

Parfums	Nombre d'élèves
☐ vanille	
■ chocolat	

1. Combien d'élèves **de plus** ont préféré le chocolat à la vanille ? _____ élèves

2. Combien d'élèves au **total** ont été interrogés sur leur parfum de glace préféré ?

   _____ élèves

☐ = 1 élève

Types de chaussures	Chaussures	Nombre d'élèves
	Velcro	☐☐☐☐
	lacets	☐☐☐☐☐☐☐
	Sans attaches	☐☐☐☐☐☐

3. Écris une phrase numérique pour montrer le nombre **total** d'élèves interrogés sur leurs chaussures.

   _____

4. Écris une phrase numérique pour montrer combien d'élèves ont **moins de** Velcro sur leurs chaussures que de lacets.

   _____

UNE HISTOIRE D'UNITÉS   Leçon 12 Problème d'application   1•3

Chaque élève de la classe a ajouté une note autocollante pour montrer son animal de compagnie préféré. Utilise le tableau pour répondre aux questions.

Animal préféré   = 1 élève

Chien	poisson	Chat
10	4	7

Nombre d'élèves

5. Combien d'élèves ont choisi un chien ou un chat comme animal de compagnie préféré ?

_____ élèves

6. Combien d'élèves ont choisi les chiens comme leur animal de compagnie préféré plutôt que les chats ?

_____ élèves

7. Combien d'élèves ont choisi les chats plutôt que les poissons ?

_____ élèves

Leçon 12 : Poser des questions et répondre à des problèmes de mots variés sur un ensemble de données comportant trois catégories.

Leçon 12 Ticket de sortie

Nom _____ Date _____

Utilise des carrés sans espace ni chevauchement pour organiser les données des images. Aligne soigneusement tes **carrés**.

Animaux préférés au zoo

	Nombre d'élèves
Girafe	
Éléphant	
Lion	

Animaux du zoo

Chaque image représente le vote d'un élève.

1. Écris une phrase numérique pour montrer combien d'élèves au **total** ont été interrogés sur leur animal préféré au zoo.

   _____

2. Écris une phrase numérique pour montrer le nombre d'élèves **en moins** qui aiment les éléphants par rapport à ceux qui aiment les girafes.

   _____

Leçon 12 : Poser des questions et répondre à des problèmes de mots variés sur un ensemble de données comportant trois catégories.

Lis

Zoé a fabriqué des colliers de l'amitié pour ses trois plus proches amies. Fais un graphique pour montrer les deux couleurs de perles qu'elle a utilisées. Elle a utilisé 8 perles vertes pour Lily, 4 perles violettes pour Jamilah, et 12 perles vertes pour Sage. Combien de perles vertes a-t-elle utilisées ?

Dessine

Écris

Nom _____ Date _____

Utilise le tableau pour répondre aux questions. Remplis les blancs et écris une phrase numérique à droite pour résoudre le problème.

Météo des jours d'école   ☐ = 1 jour

Soleil ☀	Pluie ☂	Nuage ☁
4	7	5

Nombre de jours d'école

1. Combien de jours ont été plus nuageux qu'ensoleillés ?

   _____ jour(s) de plus étaient nuageux plutôt qu'ensoleillés. _____

2. Combien de jours de moins ont été plus nuageux que pluvieux ?

   _____ 5 jour(s) de moins ont été plus nuageux que pluvieux. _____

3. Combien de jours ont été plus pluvieux qu'ensoleillés ?

   _____ jours ont été plus pluvieux qu'ensoleillés. _____

4. Combien de jours au total la classe a-t-elle suivi la météo ?

   la classe a suivi la météo pendant un total de _____ jours. _____

5. Si les 3 prochains jours d'école sont ensoleillés, combien de jours d'école auront eu du soleil en tout ?

   _____ jours d'école auront eu du soleil en tout. _____

UNE HISTOIRE D'UNITÉS   **Leçon 13 Série de problèmes**   1•3

Utilise le tableau pour répondre aux questions. Remplis les blancs, et écris une phrase numérique qui t'aidera à résoudre le problème.

Fruits préférés   😊 = 1 élève

(Tableau : Pomme = 6 élèves, Banane = 5 élèves, Raisin = 4 élèves)

6. Combien d'élèves de moins ont choisi la banane plutôt que la pomme ?

   _____ d'élèves de moins ont choisi la banane plutôt que la pomme. _____

7. Combien d'élèves en plus ont choisi la banane plutôt que le raisin ?

   _____ élèves en plus ont choisi la banane plutôt que le raisin. _____

8. Combien d'élèves en moins ont choisi le raisin plutôt que la pomme ?

   _____ élèves en moins ont choisi le raisin plutôt que la pomme. _____

9. D'autres élèves ont répondu au sujet de leur fruit préféré. Si le nouveau nombre total d'élèves ayant répondu est de 20, combien d'autres élèves ont répondu ?

   _____ autres élèves ont répondu à la question. _____

Nom _____ Date _____

Utilise le tableau pour répondre aux questions.

Les animaux de la ferme de Lily ☐ = 1 animal

Moutons	Vaches	cochons
3	7	5

Nombre d'animaux

1. Combien d'animaux y a-t-il au total dans la ferme de Lily ? _____ animaux

2. Combien y a-t-il de moutons en moins que de porcs dans la ferme de Lily ? _____ moutons en moins.

3. Combien y a-t-il de vaches en plus que de moutons dans la ferme de Lily ? _____ vaches de plus.

Leçon 13 : Poser des questions et répondre à des problèmes de mots variés sur un ensemble de données comportant trois catégories.

Crédits

Great Minds® a fait tout son possible pour obtenir l'autorisation de réimprimer tout le matériel protégé par des droits d'auteur. Si un propriétaire de matériel protégé par des droits d'auteur n'est pas mentionné dans le présent document, veuillez contacter Great Minds pour qu'il soit dûment mentionné dans toutes les éditions et réimpressions futures de ce module.

Printed by Libri Plureos GmbH in Hamburg, Germany